Aufgabensammlung für die Oberstufe

von

Dr. rer. nat. Marco Schuchmann, Dipl.-Math.

www.mathe-total.de

Verlag: BoD · Books on Demand GmbH, In de Tarpen 42, 22848 Norderstedt,
bod@bod.de
Druck: Libri Plureos GmbH, Friedensallee 273, 22763 Hamburg
ISBN: 978-3-7693-2876-9

Vorwort

In diesem Buch wurden viele Aufgaben für die Oberstufe im Fach Mathematik zusammengestellt. Im Wesentlichen wurden hierzu über Jahre hinweg Aufgaben erstellt, die zum grundlegenden Verständnis der Mathematik der Oberstufe dienen sollen und bei denen verschiedene Aspekte zum Tragen kommen. Dabei lag der Schwerpunkt nicht auf dem Erstellen von besonders komplizierten Aufgaben, denn es geht hier um das selbstständige Üben und Vertiefen des Schulstoffes, der beispielsweise zum erfolgreichen Bestehen des Abiturs benötigt wird. Dafür wurden zu den Aufgaben vollständige Lösungswege mit Hinweisen erstellt. Da das Buch sonst zu umfangreich geworden wäre, sind nur Aufgaben zur analytischen Geometrie und Stochastik enthalten. Die Aufgaben zur Analysis sind mit Lösungen und Erklärungen unter https://mathe-total.de/index-Analysis.html zu finden und können dort auch heruntergeladen werden. Nach dem Erwerb des Buches ist der Zugang zu allen Aufgaben, Beispielen, Erklärungen und Lösungstipps auf dieser Webseite frei. Es kann über die Seite auch auf weitere e-Books im PDF-Format zugegriffen werden, die die drei Themengebiete der Oberstufe mit vielen Beispielen erklären. Alle Aufgabenblätter können auch für Unterrichtszwecke verwendet werden.

Das Buch ist eine Ergänzung zum Buch mit dem Titel „Jetzt lerne ich Mathematik für die Oberstufe", welches überwiegend Erklärungen und Beispiele enthält. In diesem Buch werden diverse Themen der Oberstufe an vielen Beispielen erklärt. Bei allen Beschreibungen steht im Vordergrund, dass diese für Schülerinnen und Schüler möglichst verständlich sind, weshalb in der Regel auch alle Zwischenschritte bei Umformungen dargestellt werden.

Auf den Webseiten www.alles-mathe.de und www.mathe-total.de zum Buch werden Programme zum Lösen von Aufgaben und zum Erstellen von Graphen bereitgestellt sowie weitere Übungsaufgaben und Beispiele mit Lösungen und Lösungswegen. Zusätzlich stehen unter www.mathe-total.de Online-Tests zur Verfügung. Hier sind auch weitere Aufgabenblätter zu finden.

Dr. Marco Schuchmann
(e-mail: schuchmann@mathe-total.de)

Inhaltsverzeichnis

Analytische Geometrie

Stochastik

Hinweis zum Passwort für die Webseite:

Das Passwort für die Seite www.mathe-total.de kann über den Link https://mathe-total.de/Login/ bezogen werden. Der Zugang ist nach dem Erwerb des Buches, wie beschrieben, frei. Es kann auch nach einer Anfrage unter info@mathe-total.de zugesendet werden.

Analytische Geometrie

Aufgaben zu Grundlagen der Vektorrechnung

1) Es sei $\vec{a} = \overrightarrow{PQ}$. Es soll jeweils P oder Q bestimmt werden:

    a) $P(1; 5; -2); \vec{a} = \begin{pmatrix} 1 \\ -1 \\ 2 \end{pmatrix}$ b) $Q(5; -1; 3); \vec{a} = \begin{pmatrix} -2 \\ 3 \\ 1 \end{pmatrix}$

2) Wie groß ist der Abstand zwischen P(-2; 2; -3) und Q(2;5;-3) und welcher Punkt M liegt in der Mitte zwischen P und Q auf der Strecke von P nach Q?

3) Gegeben sind P(3; -1; z) und Q(1;1;3). Wie muss z gewählt werden, damit P und Q einen Abstand von 3 LE haben?

4) Gegeben sind die Vektoren $\vec{a} = \overrightarrow{AB}$ und $\vec{b} = \overrightarrow{AD}$:

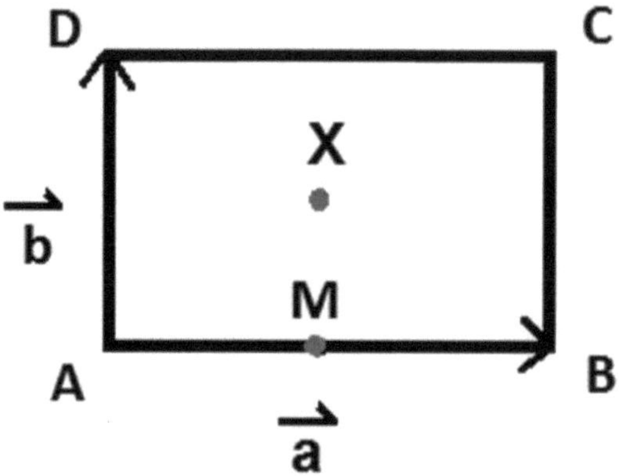

M ist der Mittelpunkt zwischen den Punkten A und B und X liegt in der Mitte des Rechtecks ABCD (d.h. in der Mitte der Diagonalen von A nach C). Mit den Vektoren $\vec{a}$ und $\vec{b}$ sollen folgende Vektoren bestimmt bzw. dargestellt werden: $\overrightarrow{AC}, \overrightarrow{DB}, \overrightarrow{CA}, \overrightarrow{MA}, \overrightarrow{MC}, \overrightarrow{DM}$ und $\overrightarrow{AX}$.

5) Von einem Würfel sind die Eckpunkte A(-4;4;-4), B(-4;-4;-4); D(4;4;-4) und E(-4;4;4) bekannt. a)Wie lauten die restlichen Punkte? b) Wie lautet der Mittelpunkt M der Seite BCGF?

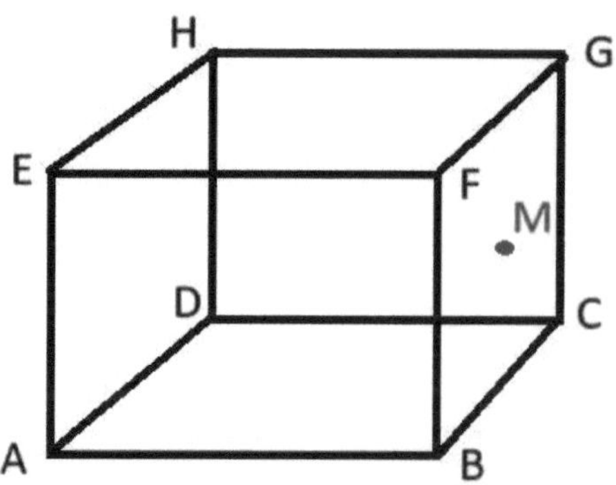

Lösungen:

1) Es gilt $\overrightarrow{OP} + \overrightarrow{PQ} = \overrightarrow{OQ}$ bzw. $\overrightarrow{OP} + \vec{a} = \overrightarrow{OQ}$ und somit $\overrightarrow{OP} = \overrightarrow{OQ} - \vec{a}$. Damit ergibt sich bei a)

$$\overrightarrow{OQ} = \overrightarrow{OP} + \overrightarrow{PQ} = \overrightarrow{OP} + \vec{a} = \begin{pmatrix} 1 \\ 5 \\ -2 \end{pmatrix} + \begin{pmatrix} 1 \\ -1 \\ 2 \end{pmatrix} = \begin{pmatrix} 2 \\ 4 \\ 0 \end{pmatrix} \Rightarrow Q(2;4;0)$$

und bei b)

$$\overrightarrow{OP} = \overrightarrow{OQ} - \overrightarrow{PQ} = \overrightarrow{OQ} - \vec{a} = \begin{pmatrix} 5 \\ -1 \\ 3 \end{pmatrix} - \begin{pmatrix} -2 \\ 3 \\ 1 \end{pmatrix} = \begin{pmatrix} 7 \\ -4 \\ 2 \end{pmatrix} \Rightarrow P(7;-4;2)$$

2) Der Abstand von P und Q ist gleich der Länge von $\overrightarrow{PQ}$.

$$\overrightarrow{PQ} = \overrightarrow{OQ} - \overrightarrow{OP} = \begin{pmatrix} 2 \\ 5 \\ -3 \end{pmatrix} - \begin{pmatrix} -2 \\ 2 \\ -3 \end{pmatrix} = \begin{pmatrix} 4 \\ 3 \\ 0 \end{pmatrix} \text{ und } |\overrightarrow{PQ}| = \sqrt{4^2 + 3^2 + 0^2} = 5$$

Wie hätten auch $|\overrightarrow{PQ}| = \sqrt{(q_1 - p_1)^2 + (q_2 - p_2)^2 + (q_3 - p_3)^2}$ verwenden können.

Somit beträgt der Abstand 5 LE.

Nun berechnen wir noch den Mittelpunkt M. Für diesen gilt

$$\overrightarrow{OM} = \overrightarrow{OA} + \tfrac{1}{2} \cdot \overrightarrow{AB} = \overrightarrow{OA} + \tfrac{1}{2} \cdot \left(\overrightarrow{OB} - \overrightarrow{OA} \right) = \tfrac{1}{2} \cdot \left(\overrightarrow{OA} + \overrightarrow{OB} \right)$$

bzw.
$$M((a_1+b_1)/2;\ (a_2+b_2)/2;\ (a_3+b_3)/2)$$

Damit ergibt sich M(0; 7/2; -3).

3)
$$\overrightarrow{PQ} = \overrightarrow{OQ} - \overrightarrow{OP} = \begin{pmatrix} 1 \\ 1 \\ 3 \end{pmatrix} - \begin{pmatrix} 3 \\ -1 \\ z \end{pmatrix} = \begin{pmatrix} -2 \\ 2 \\ 3 - z \end{pmatrix}.$$

Somit müssen wir die Gleichung

$$|\overrightarrow{PQ}| = \sqrt{(-2)^2 + 2^2 + (3 - z)^2} = 3$$

nach z auflösen:

$$\sqrt{(-2)^2 + 2^2 + (3 - z)^2} = 3 \quad | \ (\ )^2$$

$$(-2)^2 + 2^2 + (3 - z)^2 = 9$$

$$8 + 9 - 6z + z^2 = 9$$

Damit kann die Gleichung $z^2 - 6z + 8 = 0$ mit der p-q-Formel gelöst werden (oder man könnte auch $(3 - z)^2 = 1$ „direkt" auflösen, womit $3 - z = 1$ oder $3 - z = -1$ gelten muss).

Es ergeben sich die Lösungen $z_1 = 4$ und $z_2 = 2$, womit es zwei mögliche Punkt $P_1(3; -1; 4)$ und $P_2(3; -1; 2)$ gibt, die beide den Abstand 3 LE zu $Q(1;1;3)$ haben.

4) Gegeben sind die Vektoren $\vec{a} = \overrightarrow{AB}$ und $\vec{b} = \overrightarrow{AD}$:

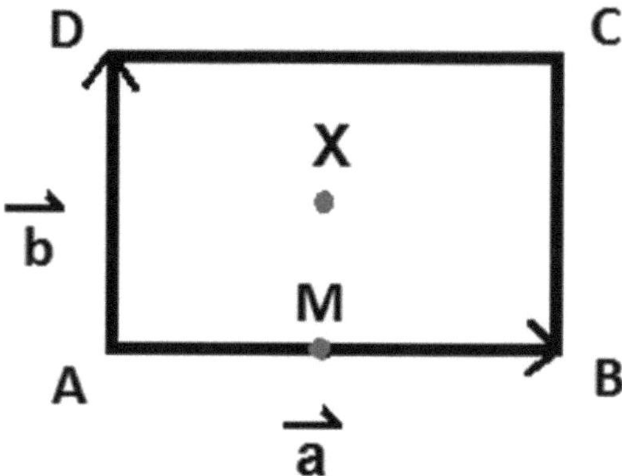

Wird ein Vektor mit -1 multipliziert, dann ergibt sich ein Vektor, der in die gegengesetzte Richtung zeigt, d.h. mit $\vec{a} = \overrightarrow{AB}$ folgt $-\vec{a} = \overrightarrow{BA}$, was wir allgemein anwenden können:

$$\overrightarrow{AC} = \vec{a} + \vec{b} \ , \quad \overrightarrow{DB} = -\vec{b} + \vec{a} = \vec{a} - \vec{b} \ , \quad \overrightarrow{CA} = -\vec{a} - \vec{b}, \quad \overrightarrow{MA} = -\frac{1}{2} \cdot \vec{a}, \quad \overrightarrow{MC} = \frac{1}{2} \cdot \vec{a} + \vec{b},$$

$$\overrightarrow{DM} = -\vec{b} + \frac{1}{2} \cdot \vec{a} = \frac{1}{2} \cdot \vec{a} - \vec{b}, \quad \overrightarrow{AX} = \frac{1}{2} \cdot \vec{a} + \frac{1}{2} \cdot \vec{b} = \frac{1}{2} \cdot (\vec{a} + \vec{b})$$

Bemerkung: Sollte beispielsweise X bzw. $\overrightarrow{OX}$ bestimmt werden und nicht einen Vektor von A nach X, dann kann zu $\overrightarrow{AX}$ noch der Vektor $\overrightarrow{OA}$ addiert werden: $\overrightarrow{OX} = \overrightarrow{OA} + \overrightarrow{AX}$

5) Bekannt sind: A(-4;4;-4), B(-4;-4;-4); D(4;4;-4) und E(-4;4;4) bekannt.
a)Wie lauten die restlichen Punkte? Wir bestimmen die Vektoren $\overrightarrow{AB}$, $\overrightarrow{AD}$ und $\overrightarrow{AE}$:

$$\vec{a} = \overrightarrow{AB} = \overrightarrow{OB} - \overrightarrow{OA} = \begin{pmatrix} -4 \\ -4 \\ -4 \end{pmatrix} - \begin{pmatrix} -4 \\ 4 \\ -4 \end{pmatrix}$$

$$= \begin{pmatrix} 0 \\ -8 \\ 0 \end{pmatrix}$$

$$\vec{b} = \overrightarrow{AD} = \overrightarrow{OD} - \overrightarrow{OA} = \begin{pmatrix} 4 \\ 4 \\ -4 \end{pmatrix} - \begin{pmatrix} -4 \\ 4 \\ -4 \end{pmatrix}$$

$$= \begin{pmatrix} 8 \\ 0 \\ 0 \end{pmatrix}$$

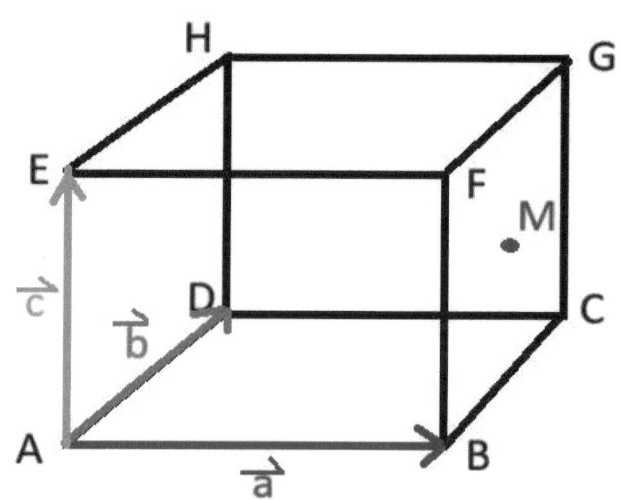

$$\vec{c} = \overrightarrow{AE} = \overrightarrow{OE} - \overrightarrow{OA} = \begin{pmatrix} -4 \\ 4 \\ 4 \end{pmatrix} - \begin{pmatrix} -4 \\ 4 \\ -4 \end{pmatrix}$$

$$= \begin{pmatrix} 0 \\ 0 \\ 8 \end{pmatrix}$$

Es gilt:

$\vec{a} = \overrightarrow{AB} = \overrightarrow{DC} = \overrightarrow{HG} = \overrightarrow{EF}$, $\vec{b} = \overrightarrow{AD} = \overrightarrow{BC} = \overrightarrow{FG} = \overrightarrow{EH}$ und $\vec{c} = \overrightarrow{AE} = \overrightarrow{BF} = \overrightarrow{CG} = \overrightarrow{DH}$

Damit gilt:

$\overrightarrow{OC} = \overrightarrow{OB} + \overrightarrow{BC} = \overrightarrow{OB} + \vec{b} = \begin{pmatrix} -4 \\ -4 \\ -4 \end{pmatrix} + \begin{pmatrix} 8 \\ 0 \\ 0 \end{pmatrix} = \begin{pmatrix} 4 \\ -4 \\ -4 \end{pmatrix}$, also C(4;-4;-4).

Oder: $\overrightarrow{OC} = \overrightarrow{OD} + \overrightarrow{DC} = \overrightarrow{OD} + \vec{a}$

Analog wäre auch $\overrightarrow{OF} = \overrightarrow{OE} + \overrightarrow{EF} = \overrightarrow{OE} + \vec{a}$ oder

$\overrightarrow{OF} = \overrightarrow{OB} + \overrightarrow{BF} = \overrightarrow{OB} + \vec{c} = \begin{pmatrix} -4 \\ -4 \\ -4 \end{pmatrix} + \begin{pmatrix} 0 \\ 0 \\ 8 \end{pmatrix} = \begin{pmatrix} -4 \\ -4 \\ 4 \end{pmatrix}$, also F(-4;-4;4).

Genauso erhalten wir G(4;-4;4) aus $\overrightarrow{OG} = \overrightarrow{OC} + \overrightarrow{CG} = \overrightarrow{OC} + \vec{c} = \begin{pmatrix} 4 \\ -4 \\ -4 \end{pmatrix} + \begin{pmatrix} 0 \\ 0 \\ 8 \end{pmatrix} = \begin{pmatrix} 4 \\ -4 \\ 4 \end{pmatrix}$ und

H(4;4;4) aus $\overrightarrow{OH} = \overrightarrow{OD} + \overrightarrow{DH} = \overrightarrow{OD} + \vec{c} = \begin{pmatrix} 4 \\ 4 \\ -4 \end{pmatrix} + \begin{pmatrix} 0 \\ 0 \\ 8 \end{pmatrix} = \begin{pmatrix} 4 \\ 4 \\ 4 \end{pmatrix}$.

b) Wie lautet der Mittelpunkt M der Seite BCGF? M ist z.B. der Mittelpunkt von B und G, also gilt $M((b_1+g_1)/2; (b_2+g_2)/2; (b_3+g_3)/2)$ oder $\overrightarrow{OM} = \overrightarrow{OB} + \frac{1}{2} \cdot \overrightarrow{BG}$.

Damit ist M((-4+4)/2; (-4+(-4))/2; (-4+4)/2) = M(0;-4;0).

Länge eines Vektors und Abstand von zwei Punkten

Aufgabe 1

Bestimme die Länge des Vektors $\vec{x} = \begin{pmatrix} 2 \\ 4 \\ -4 \end{pmatrix}$.

Skalarprodukt und Winkel zwischen Vektoren

Aufgabe 2

Es sind die Eckpunkte A(1; 2), B(4; 3) und C(3; 5) eines Dreiecks gegeben und es soll der Winkel α (an der Ecke A) bestimmt werden.

Lineare Unabhängigkeit

Aufgabe 3

Sind die folgenden Vektoren linear abhängig oder unabhängig?

a)
$$\begin{pmatrix} 4 \\ 2 \\ 3 \end{pmatrix}, \begin{pmatrix} 1 \\ 5 \\ 1 \end{pmatrix}, \begin{pmatrix} -3 \\ 3 \\ -2 \end{pmatrix}$$

b)
$$\begin{pmatrix} 8 \\ 2 \\ 10 \end{pmatrix}, \begin{pmatrix} 4 \\ 1 \\ 5 \end{pmatrix}$$

c) Lässt sich der Vektor $\vec{v}$ als Linearkombination der Vektoren $\vec{a}$ und $\vec{b}$ darstellen?

$$\vec{v} = \begin{pmatrix} 5 \\ -2 \\ 1 \end{pmatrix}, \ \vec{a} = \begin{pmatrix} 1 \\ 2 \\ -1 \end{pmatrix} \text{ und } \vec{b} = \begin{pmatrix} 3 \\ -6 \\ 3 \end{pmatrix} .$$

Aufgabe 4

Gegeben sind die Vektoren

$$\vec{a} = \begin{pmatrix} -2 \\ 2 \\ -1 \end{pmatrix}, \ \vec{b} = \begin{pmatrix} 1 \\ 6 \\ -4 \end{pmatrix} \text{ und } \vec{c} = \begin{pmatrix} 5 \\ 2 \\ -2 \end{pmatrix} .$$

Sind diese Vektoren linear abhängig?

Gauß-Algorithmus

Aufgabe 5

Löse das folgende Gleichungssystem mit dem Gauß-Algorithmus.

$$
\begin{aligned}
(1) \quad &-2r + s + t = 0 \\
(2) \quad &2r + 3s - t = 0 \\
(3) \quad &-r + 2s + 2t = 0
\end{aligned}
$$

Aufgabe 6

Löse das folgende Gleichungssystem mit dem Gauß-Algorithmus.

$$
\begin{aligned}
(1) \quad &2x - 3y + 2z = 2 \\
(2) \quad &x - y + 3z = 8 \\
(3) \quad &-3x + 2y + 2z = 7
\end{aligned}
$$

Aufgabe 7

Wie muss a gewählt werden, damit das Gleichungssystem eindeutig lösbar ist?

$$
\begin{aligned}
(1) \quad &2x - y = 8 \\
(2) \quad &3x + ay = 4
\end{aligned}
$$

Lösungen:

1) Die Länge beträgt: $|\vec{x}| = \sqrt{2^2 + 4^2 + (-4)^2} = 6$.

2) Man benötigt die Vektoren $\overrightarrow{AB}$ und $\overrightarrow{AC}$ oder $\overrightarrow{BA}$ und $\overrightarrow{CA}$. Würde man den Winkel zwischen $\overrightarrow{AB}$ (der von A „weg zeigt") und $\overrightarrow{CA}$ (der zu A „hin zeigt") berechnen, so würde sich $180° - \alpha$ ergeben.

Es gilt:

$$\overrightarrow{AB} = \overrightarrow{OB} - \overrightarrow{OA} = \begin{pmatrix} 4 \\ 3 \end{pmatrix} - \begin{pmatrix} 1 \\ 2 \end{pmatrix} = \begin{pmatrix} 3 \\ 1 \end{pmatrix}$$

analog ergibt sich $\overrightarrow{AC} = \begin{pmatrix} 2 \\ 3 \end{pmatrix}$.

Damit ist

$$\cos(\alpha) = \frac{\overrightarrow{AB} \cdot \overrightarrow{AC}}{|\overrightarrow{AB}| \cdot |\overrightarrow{AC}|} = \frac{3 \cdot 2 + 1 \cdot 3}{\sqrt{3^2 + 1^2} \cdot \sqrt{2^2 + 3^2}} = \frac{9}{\sqrt{10 \cdot 13}}$$

und $\alpha \approx 37{,}87°$.

3) a) Wir können prüfen, ob das Gleichungssystem

$$r \cdot \begin{pmatrix} 4 \\ 2 \\ 3 \end{pmatrix} + s \cdot \begin{pmatrix} 1 \\ 5 \\ 1 \end{pmatrix} + t \cdot \begin{pmatrix} -3 \\ 3 \\ -2 \end{pmatrix} = \vec{0}$$

nur die Lösung $r = s = t = 0$ hat, dann wären die Vektoren linear unabhängig:

(1) $4r + \ s - 3t = 0$
(2) $2r + 5s + 3t = 0$
(3) $3r + \ s - 2t = 0$

Wir eliminieren s und addieren das (-5)-fache von (1) und zu (2) und danach das (-1)-fache von (1) und zu (3):

(-5)·(1) + (2): $-18r + 18t = 0$
(-1)·(1) + (3): $-r + \ t = 0$

Die beiden Gleichungen oben sind abhängig, da sie Vielfache sind. Wenn wir das 18-fache der unteren Gleichung von der oberen subtrahieren, ergibt sich $0 = 0$. Damit ergeben sich unendlich viele Lösungen und die Vektoren sind linear abhängig bzw. komplanar.

Alternativ kann auch geprüft werden, ob sich einer der Vektoren als Linearkombination der anderen darstellen lässt, z.B. ob:

$$r \cdot \begin{pmatrix} 4 \\ 2 \\ 3 \end{pmatrix} + s \cdot \begin{pmatrix} 1 \\ 5 \\ 1 \end{pmatrix} = \begin{pmatrix} -3 \\ 3 \\ -2 \end{pmatrix}$$

Hier muss aufgepasst werden, dass die beiden Vektoren auf der linken Seite oben nicht Vielfache sind, denn dann sind die Vektoren automatisch abhängig. Hier ergibt sich:

(1) $4r +\ \ s\ =\ -3$
(2) $2r + 5s\ =\ \ \ 3$
(3) $3r +\ \ s\ =\ -2$

Wir haben nur 2 Unbekannte, aber 3 Gleichungen. Wir wählen (1) und (3) aus und lösen diese nach r und s auf. Wenn diese beiden Gleichungen aber Vielfache sind, müssten wir Z.B. die (1) und die (2) wählen. Dies ist aber nicht der Fall.

(1) – (3): $r = -1$. Dies in (1) eingesetzt ergibt $s = 1$.

Nun machen wir die Probe mit der nicht verwendeten Gleichung und setzen in (2) ein:
$-2 + 5 = 3$. Diese Gleichung ist erfüllt, womit die Vektoren abhängig sind. Bei einem Widerspruch wären diese unabhängig gewesen. Es gilt:

$$-\begin{pmatrix} 4 \\ 2 \\ 3 \end{pmatrix} + \begin{pmatrix} 1 \\ 5 \\ 1 \end{pmatrix} = \begin{pmatrix} -3 \\ 3 \\ -2 \end{pmatrix}.$$

b) Wir prüfen, ob die Vektoren Vielfache sind:

$$\begin{pmatrix} 8 \\ 2 \\ 10 \end{pmatrix} = t \cdot \begin{pmatrix} 4 \\ 1 \\ 5 \end{pmatrix}$$

$$8 = 4t$$
$$2 = t$$
$$10 = 5t$$

Alle drei Gleichungen ergeben $t = 2$, womit die Vektoren abhängig und damit kollinear sind. Hätten sich mindestens zwei verschiedene t ergeben, wären diese linear unabhängig.

c) Wir müssen prüfen, ob es reelle Zahlen s und t gibt, so dass

$$\begin{pmatrix} 5 \\ -2 \\ 1 \end{pmatrix} = s \cdot \begin{pmatrix} 1 \\ 2 \\ -1 \end{pmatrix} + t \cdot \begin{pmatrix} 3 \\ -6 \\ 3 \end{pmatrix}$$

gilt. Es ergeben sich drei Gleichungen mit zwei Unbekannten:

$$
\begin{aligned}
(1) \quad & 5 = s + 3t \\
(2) \quad & {-2} = 2s - 6t \\
(3) \quad & 1 = -s + 3t
\end{aligned}
$$

Wir wählen die Gleichungen (1) und (3) aus und lösen diese nach s und t auf. Addition von (1) und (3) ergibt 6 = 6t, womit t = 1 wäre. Setzt man t = 1 in (1) ein, so ergibt sich 5 = s + 3, womit s = 2 wäre. Nun müssen wir die nicht verwendete Gleichung (2) prüfen und setzen unsere Lösungen für s und t in diese ein: -2 = 2·2 - 6. Damit ist die Gleichung (2) erfüllt und der Vektor $\vec{v}$ lässt sich als Linearkombination der Vektoren $\vec{a}$ und $\vec{b}$ darstellen:

$$\begin{pmatrix} 5 \\ -2 \\ 1 \end{pmatrix} = 2 \cdot \begin{pmatrix} 1 \\ 2 \\ -1 \end{pmatrix} + 1 \cdot \begin{pmatrix} 3 \\ -6 \\ 3 \end{pmatrix}$$

4) Wir können wieder prüfen, ob die Gleichung

$$r \cdot \begin{pmatrix} -2 \\ 2 \\ -1 \end{pmatrix} + s \cdot \begin{pmatrix} 1 \\ 6 \\ -4 \end{pmatrix} + t \cdot \begin{pmatrix} 5 \\ 2 \\ -2 \end{pmatrix} = \begin{pmatrix} 0 \\ 0 \\ 0 \end{pmatrix}$$

nur eine Lösung (hier wären die Vektoren linear unabhängig) oder unendlich viele hat. Also ergeben sich drei Gleichungen mit drei Unbekannten:

$$
\begin{aligned}
(1) \quad & -2r + s + 5t = 0 \\
(2) \quad & 2r + 6s + 2t = 0 \\
(3) \quad & -r - 4s - 2t = 0
\end{aligned}
$$

(1) + (2) ergibt:

$$(I) \quad 7s + 7t = 0$$

(2) + 2·(3) ergibt:

$$(II) \quad -2s - 2t = 0$$

2·(I) + 7·(II) ergibt 0 = 0. Somit sind die Vektoren abhängig und es gibt unendlich viele Lösungen, denn die beiden Gleichung (I) und (II) sind Vielfache voneinander.

Bemerkungen:

B1) Suchen wir weiter Lösungen, so folgt aus (I) bzw. (II) „nur", dass s = -t ist. Setzen wir dies z.B. in (3) ein, ergibt sich -r + 4t - 2t = 0, womit r = 2t ist. Für jedes t aus den reellen Zahlen gibt es somit eine Lösung. Für t = 1 wäre s = -1 und r = 2. Es gilt damit $2\vec{a} - \vec{b} + \vec{c} = \vec{0}$ und somit können wir in unserem Fall der Abhängigkeit einen Vektor als Linearkombination der anderen darstellen, z.B. $\vec{b} = 2\vec{a} + \vec{c}$ oder $\vec{a} = 1/2 \cdot \vec{b} - 1/2 \cdot \vec{c}$.

B2) Wir hätten auch wieder prüfen können, ob es (reelle) Zahlen u und v gibt, so dass

$$\begin{pmatrix} -2 \\ 2 \\ -1 \end{pmatrix} = u \cdot \begin{pmatrix} 1 \\ 6 \\ -4 \end{pmatrix} + v \cdot \begin{pmatrix} 5 \\ 2 \\ -2 \end{pmatrix}$$

gilt. Falls dies so ist, dann sind die Vektoren linear abhängig. Dies ist allgemein einfacher, da nur zwei Unbekannte vorhanden sind. Oben gilt u = 1/2 und v = -1/2, was wir bereits aus B1) wissen. Bei dieser Art der Prüfung der linearen Abhängigkeit müssen wir aber wieder aufpassen, dass die beiden Vektoren auf der rechten Seite nicht kollinear (d.h. Vielfache) sind, denn wenn diese Vielfache sind, dann sind die drei Vektoren automatisch abhängig. Hier könnten wir dann aber allgemein keine u und v finden, obwohl diese abhängig sind.

5) Wir lösen das Gleichungssystem einmal mit und einmal ohne Gauß-Tableau:

$$\begin{aligned} &(1) \quad -2r + s + t = 0 \\ &(2) \quad 2r + 3s - t = 0 \\ &(3) \quad -r + 2s + 2t = 0 \end{aligned}$$

Wir addieren dass 2-fache der dritten zur zweiten Gleichung und das (-2)-fache der dritten zur ersten Gleichung und eliminieren damit r:

$$\begin{aligned} 2 \cdot (3):\ &-2r + 4s + 4t = 0 \\ (2):\ &\underline{2r + 3s - t = 0 \quad (+)} \\ (I) \quad &\ 7s + 3t = 0 \end{aligned}$$

$$\begin{aligned} -2 \cdot (3):\ &2r - 4s - 4t = 0 \\ (I):\ &\underline{-2r + s + t = 0 \quad (+)} \\ (II) \quad &\ -3s - 3t = 0 \end{aligned}$$

Nun können wir die beiden Gleichungen (I) und (II) addieren, womit sich 4s = 0 und somit s = 0 ergibt. Es gibt damit eine Lösung. Setzten wir s = 0 in (I) ein, ergibt sich 3t = 0 und damit ist auch t = 0. Nun können wir s = 0 und t = 0 in z.B. (1) einsetzen und erhalten -2r = 0 womit auch r = 0 ist. Ein Gleichungssystem - wie das obige - mit nur Nullen auf einer Seite, heißt homogenes Gleichungssystem und dieses hat entweder unendlich viele Lösungen oder nur eine: r = s = t = 0, wie in unserem Fall.

Wir Lösen das Gleichungssystem nochmals mit dem Gauß-Tableau (wobei dies im Prinzip dasselbe ist):

r	s	t	rechte Seite
-2	1	1	0
2	3	-1	0
-1	2	2	0

Die rechte Seite können wir hier auch weglassen, da sie nur aus Nullen besteht. Wir vertauschen nun die erste mit der dritten Zeile, wobei wir die dritte Zeile noch mit (-1) multiplizieren. Damit steht oben rechts eine 1, was das Eliminieren von r in den Zeilen darunter vereinfacht.

r	s	t
1	-2	-2
2	3	-1
-2	1	1

Nun addiert man Vielfache der ersten Zeile zu den anderen beiden Zeilen, so dass unterhalb der ersten Zeile in der ersten Spalte Nullen stehen.

Wir addieren das (-2)-fache der ersten Zeile zur zweiten und das 2-fache der ersten Zeile zur dritten Zeile:

r	s	t
1	-2	-2
0	7	3
0	-3	-3

Addieren wir nun das 3-fache der zweiten Zeile zum 7-fachen der dritten Zeile, so ergibt sich das folgende Tableau (wir hätten natürlich auch t eliminieren können):

r	s	t
1	-2	-2
0	7	3
0	0	-12

Damit ergab sich:

$$r - 2s - 2t = 0$$
$$7s + 3t = 0$$
$$-12t = 0$$

Dividieren wir die letzte Zeile durch (-12), ergibt sich t = 0. Das kann in die vorletzte Zeile eingesetzt werden, womit sich s = 0 ergibt und dann mit dem Einsetzen von t = 0 und s = 0 in die ersten Zeile auch r = 0 folgt.

6) Wir tragen die Koeffizienten des Gleichungssystems in das Tableau ein, wobei wir die ersten beiden Zeilen vertauschen, was in diesem Fall das eliminieren von x vereinfacht (hier muss dann nur die erste Zeile vervielfacht und zu einer anderen addiert werden, denn vor x steht hier der Faktor 1):

x	y	z	rechte Seite
1	-1	3	8
2	-3	2	2
-3	2	2	7

Nun können wir das (-2)-fache der ersten Zeile zur zweiten Zeile und das 3-fache der ersten Zeile zur dritten Zeile addieren und erhalten unter der ersten Zeile in der Spalte für x nur Nullen:

x	y	z	rechte Seite
1	-1	3	8
0	-1	-4	-14
0	-1	11	31

Jetzt addieren wir das (-1)-fache der zweiten Zeile zur dritten, wobei wir y in der dritten Zeile eliminieren:

x	y	z	rechte Seite
1	-1	3	8
0	-1	-4	-14
0	0	15	45

Somit wäre $15z = 45$ und $z = 3$. Setzen wir $z = 3$ in die zweite Zeile des umgeformten Gleichungssystem ein, so ergibt sich $-y - 4 \cdot 3 = -14$, womit $y = 2$ ist. Nun können wir die Lösungen für z und y in die ersten Zeile einsetzen und erhalten $x - 2 + 3 \cdot 3 = 8$, womit $x = 1$ ist.

Somit haben wir die Lösung $\mathbb{L} = \{(1; 2; 3)\}$ gefunden.

Bemerkung:
Hätte sich als letztes Tableau

x	y	z	rechte Seite
1	-1	3	8
0	-1	-4	-14
0	0	0	45

ergeben, so gäbe es keine Lösung ($\mathbb{L} = \{\}$).

Hätte sich als letztes Tableau dagegen

x	y	z	rechte Seite
1	-1	3	8
0	-1	-4	-14
0	0	0	0

ergeben, so gäbe es unendlich viele Lösungen. Man könnte z auf einen Parameter z = t setzen und dann in die zweite Zeile einsetzen: -y - 4t = -14. Damit wäre y = 14 - 4t. Dies in die erste Gleichung eingesetzt (und z = t) liefert x - (14 - 4t) + 3t = 8, somit x = 22 - 7t ist und wir haben die Lösungsmenge $\mathbb{L}$ = {(22 - 7t; 14 - 4t; t) | t $\in \mathbb{R}$} gefunden. Grafisch gesehen ist dies eine Gerade im Raum.

7) Wir übertragen das Gleichungssystem in das Tableau:

x	y	rechte Seite
2	-1	8
3	a	4

Wir addieren das (-3)-fache der ersten Zeile zum 2-fachen der zweiten Zeile und schreiben das Ergebnis in die zweite Zeile:

x	y	rechte Seite
2	-1	8
0	3+2a	-16

Damit ist (3+2a)y = -16. Wenn 3 + 2a ≠ 0 ist, d.h. wenn a ≠ -3/2 ist, dann gibt es genau eine Lösung. Wenn a = -3/2 wäre, dann würde sich 0 = -16 ergeben, womit wir keine Lösung hätten.

Ohne Gauß-Tableau ergibt sich natürlich dasselbe:

$$(1) \quad 2x - y = 8$$
$$(2) \quad 3x + ay = 4$$

$(-3)\cdot(1)$: -6x + 3y = -24
$2\cdot(2)$:   6x + 2ay = 8   (+)
            3y + 2ay = -16

Also: (3 + 2a)y = -16

Wir haben teils mit und ohne Gauß-Tableau die Lösung bestimmt, da teils im Unterricht mit und teils ohne Gauß-Tableau gerechnet wird, wobei letztendlich kein Unterschied besteht. Beim Gauß-Tableau werden nur die Koeffizienten verwendet und in der Regel wird hier zunächst die Variable in der ersten Spalte eliminiert, wobei wir theoretisch auch, wenn es einfacher wäre, Spalten vertauschen und dann zunächst eine andere Variable eliminieren könnten. Bei der Angabe der Lösung muss dann aber aufgepasst werden, damit nicht die Lösungskomponenten vertauscht werden. Wir können natürlich auch immer Zeilen vertauschen, was keinerlei Auswirkungen auf die Lösung hat.

Aufgaben zu linearen Gleichungssystemen

1) In einem Restaurant kosten ein Glas Cola, 3 Gläser Wasser und 5 Gläser Orangensaft 33,70€, ein Glas Cola, 2 Gläser Wasser und ein Glas Orangensaft kosten 10,80€. Ein Glas Orangensaft kostet 50 Cent mehr als ein Glas Wasser. Wie viel kostet jeweils ein Glas der drei Getränke?

Lösung:

Es sei x der Preis für ein Glas Cola, y der Preis für ein Glas Wasser und z der Preis für ein Glas Orangensaft. Nun können wir das Gleichungssystem aufstellen:

$$x + 3y + 5z = 33{,}7$$
$$x + 2y + z \ = 10{,}8$$
$$y + 0{,}5 = z$$

Wenn man den Gauß-Algorithmus anwenden möchte, kann man die erste Gleichung mit der zweiten vertauschen und die dritte umstellen (oder man ersetzt z in den ersten beiden Gleichungen durch y + 0,5):

$$x + 2y + z \ = 10{,}8$$
$$4x + 3y + 5z = 33{,}7$$
$$y - z = -0{,}5$$

Als Lösung erhält man x = 2,8, y = 2,5 und z = 3, womit ein Glas Cola 2,80€ kostet, ein Glas Wasser 2,50€ und ein Glas Orangensaft 3,00€.

2) Es sollen 5kg einer Legierung hergestellt werden, die 60% des Metalls A und 33,2% von B enthält. Hier stehen folgende Legierungen zur Mischung zur Verfügung:

	Anteil Metall A	Anteil Metall B	Anteil Metall C
Legierung 1:	90%	8%	2%
Legierung 2:	40%	50%	10%

Lösung:
x = Menge Legierung 1 in kg, y = Menge Legierung 2 in kg.

$$0{,}9x \ + 0{,}4y = 5{\cdot}0{,}6$$
$$0{,}08x + 0{,}5y = \ 5{\cdot}0.332$$
$$x + y \ = 5$$

Das Gleichungssystem ist überbestimmt, denn wir haben mehr Gleichungen als Unbekannte.

Man erhält x = 2 und y = 3, womit man 2kg der ersten Legierung mit 3kg der zweiten Legierung mischen muss.

3) Kann man auch mit den Legierungen aus 2) z.B. 5kg einer Legierung herstellen, die 50% des Metalls A und 5% von C enthält?

Lösung:
Nein, das Gleichungssystem hat keine Lösung.

4) Man hat zwei Flüssigkeiten zur Verfügung. Die erste Flüssigkeit enthält 30% Alkohol und die zweit 50%. Es sollen durch Mischung 2 Liter einer Flüssigkeit hergestellt werden, so dass diese 48% Alkohol enthält.

Lösung:
x = Menge erster Flüssigkeit in Liter, y = Menge zweiter Flüssigkeit in Liter.

$$0{,}3x + 0{,}5y = 2 \cdot 0{,}48$$
$$x + y = 2$$

Man erhält x = 0,2 und y = 1,8, womit man 0,2 Liter der ersten Flüssigkeit mit 1,8 Liter der zweiten Flüssigkeit mischen muss.

5) Gesucht wird eine ganzrationale Funktion 3. Grades, die durch den Punkt P(2; 11) geht, im Punkt E(-1;-16) einen Tiefpunkt besitzt und an der Stelle x = 1 einen Wendepunkt.

Lösung:
Ansatz:
$$f(x) = ax^3 + bx^2 + cx + d$$

f(2) = 11, f(-1) = -16, f '(-1) = 0 und f ''(1) = 0 liefert ein Gleichungssystem mit der Lösung:
a = -1, b = 3, c = 9 und d = -11. Also ist $f(x) = -x^3 + 3x^2 + 9x - 11$ die gesuchte Funktion.

4) Für welche a hat das lineare Gleichungssystem

$$2x + y + 2z = -4$$
$$-3x + y + 2z = 1$$
$$-x + 2y + az = 9$$

genau eine Lösung (bestimme hierfür die Lösung) und für welches a gibt es keine Lösung?

Lösung:
Mit dem Gauß-Algorithmus kann man das Gleichungssystem auf die Form

$$x + 1/2y + z = -2$$
$$y + 2z = -2$$
$$(a-4)z = 12$$

bringen.

Für a ≠ 4 gibt es genau eine Lösung, denn dann kann man die dritte Gleichung durch (a-4) teilen und man erhält z = 12/(a - 4). Setzt man dies in die zweite Gleichung ein, ergibt sich y = (-16 - 2a)/(a - 4) und danach kann man mit der ersten Gleichung x berechnen und erhält x = -1.

Für a = 4 gibt es keine Lösung, denn dann würde in der dritten Zeile 0 = 12 stehen.

Aufgaben zu linearen Gleichungssystemen

Folgende lineare Gleichungssysteme sollen gelöst werden:

a) $\quad x + 2y + 3z = 3$
$\quad\ \ 2x + 4y + z = 1$
$\quad -4x + 2y + z = -9$

b) $\quad -2x + y = 4$
$\quad\ \ 2y + 2z = 5$
$\quad\ \ -x + z = 6$

c) $\quad 2x + 4y + 3z = 5$
$\quad\ \ 4x - 2y + 2z = 2$
$\quad\ \ 6x + 2y + 4z = 7$

d) $\quad x + 2y - 2z = 1$
$\quad -2x + y + 3z = -1$
$\quad\ \ -x + 3y + z = 4$

e) $\quad -x + 2y - 2z = 2$
$\quad\quad\quad\ y + 3z = -1$
$\quad\ \ x - y + 5z = -3$

Lösungen:

a) (1) $\quad x + 2y + 3z = 3$

$\quad$ (2) $\quad 2x + 4y + z = 1$

$\quad$ (3) $\quad -4x + 2y + z = -9$

Ohne Gauß-Tableau:

Natürlich werden hier auch die „Gauß-Schritte" durchgeführt, wir wenden hier aber nicht immer die Reihenfolge bei der Eliminierung an, bei der zuerst x, dann y und dann z bestimmt wird. Wir wählen hier zuerst z zum Eliminieren. Nun müssen wir jeweils zwei Gleichungen so multiplizieren und dann addieren oder subtrahieren, dass z entfällt.

Wir subtrahieren (2) – (3): (4) 6x + 2y = 10

Als nächstes addieren wir (1) zum (-3)-fachen von (2):

(1) $\qquad$ x + 2y + 3z $\;= 3$

(-3) · (2) $\;$ -6x – 12y – 3z = -3

Addition : (5) -5x – 10y = 0

Nun haben wir aus 3 Gleichungen mit 3 Unbekannten 2 Gleichungen mit 2 Unbekannten gemacht.

(4) 6x + 2y = 10

(5) -5x – 10y = 0

Jetzt eliminieren wir y und addieren das 5-fache von (4) zu (5):

5 · (4) $\;$ 30x + 10y = 50

$\quad$ (5) $\quad$ -5x – 10y = 0

Addition ergibt: 25x = 50, womit x = 2 ist. Wir setzen x = 2 in (4) ein:

6·2 + 2y = 10

12 + 2y = 10 $\quad$ | -12

$\quad$ 2y = -2 $\quad$ | : 2

$\quad\;$ y = -1

Jetzt können wir x = 2 und y = -1 in (1) oder (2) oder (3) einsetzen. Wir wählen (2):

2·2 + 4·(-1) + z = 1

$\qquad\qquad\quad$ z = 1

Also: x = 2, y= -1, z = 1 bzw. $\mathbb{L} = \{(2; -1; 1)\}$.

Mit dem Gauß-Tableau und Umformung auf Dreiecksform:

Im Gauß-Tableau verwenden wir die Bezeichnung (1) für die erste Zeile, (2) für die zweite Zeile und (3) für die dritte Zeile des jeweiligen ersten Tableaus in einer Aufgabe. Beim zweiten Tableau in einer Aufgabe werden dann die Zeilen mit (1′), (2′) und (3′) bezeichnet und die des dritten Tableaus mit (1′′), (2′′) und (3′′).

Gauß-Tableau (am Anfang):

x	y	z	Rechte Seite
1	2	3	3
2	4	1	1
-4	2	1	-9

Schritte: $(2') = (2) - 2 \cdot (1)$ und $(3') = (3) + 4 \cdot (1)$

Gauß-Tableau (nach den ersten Schritten):

x	y	z	Rechte Seite
1	2	3	3
0	0	-5	-5
0	10	13	3

Hier ist nach den ersten Schritten auch gleich y in der zweiten Zeile eliminiert worden.

Es kann somit die zweite und die dritte Zeile vertauscht werden, womit wir fertig sind:

$$x + 2y + 3z = 3$$
$$10y + 13z = 3$$
$$-5z = -5$$

Wir erhalten mit der letzten Gleichung $z = 1$, was wir in die zweite Gleichung einsetzen können: $10y + 13 = 3$. Dies ergibt $y = -1$. Danach kann $z = 1$ und $y = -1$ in die erste Gleichung eingesetzt werden: $x - 2 + 3 = 3$. Es ergibt sich damit $x = 2$. $\mathbb{L} = \{(2; -1; 1)\}$.

b) (1) $-2x + y = 4$

   (2) $2y + 2z = 5$

   (3) $-x + z = 6$

Ohne Gauß-Tableau:
Wir eliminieren x. Da die zweite Gleichung kein x enthält, müssen wir nur die erste und die dritte Gleichung kombinieren und x eliminieren:

Wir multiplizieren die Gleichung (3) mit (-2), damit wir danach das Ergebnis zur Gleichung (1) addieren können:

(1) $-2x + y = 4$
$(-2) \cdot (3)$ $2x - 2z = -12$

Addition ergibt: (4) $y - 2z = -8$

Nun haben wir zwei Gleichungen ohne x:
(2) $2y + 2z = 5$
(4) $y - 2z = -8$

Diese können wir direkt addieren: 3y = -3, also y = -1.

Wir setzen y = -1 in (2) ein: 2·(-1) + 2z = 5
                                                      -2 + 2z = 5 | -2
                                                           2z = 7 | :2
z = 7/2 = 3,5. Wir setzen dies in (3) ein: -x + 7/2 = 6 | -7/2
                                                               -x = 5/2 | :(-1)

x = - 5/2 = -2,5.

Also : x = -2,5, y = -1, z = 3,5 bzw. $\mathbb{L}$ = {(-2,5; -1; 3,5)}.

Mit dem Gauß-Tableau und Umformung auf Dreiecksform:
Gauß-Tableau (am Anfang):

x	y	z	Rechte Seite
-2	1	0	4
0	2	2	5
-1	0	1	6

Schritte: (3′) = -2·(3) + (1)

Gauß-Tableau (nach den ersten Schritten):

x	y	z	Rechte Seite
-2	1	0	4
0	2	2	5
0	1	-2	-8

Schritte: (3′′) = -2·(3′) + (2′) (Theoretisch wäre hier auch (3′′) = (2′) + (3′) möglich, womit sich dann zuerst die Lösung für y - statt für z - ergibt. Hier würde aber erst das Dreiecksschema nach der Vertauschung der zweiten und dritten Spalte sichtbar werden.)

Gauß-Tableau (am Ende):

x	y	z	Rechte Seite
-2	1	0	4
0	2	2	5
0	0	6	21

Die letzte Zeile liefert z = 21/6 = 3,5. In die zweite Zeile eingesetzt ergibt sich y = -1. Mit der ersten Zeile ergibt sich dann x = -2,5. $\mathbb{L}$ = {(-2,5; -1; 3,5)}.

c) (1) $2x + 4y + 3z = 5$
   (2) $4x - 2y + 2z = 2$
   (3) $6x + 2y + 4z = 7$

Ohne Gauß-Tableau:
Wir eliminieren y:

(2) + (3): (4) $10x + 6z = 9$

Nun addieren wir das 2-fache von Gleichung (2) zu (1):

  (1) $2x + 4y + 3z = 5$
2·(2) $8x - 4y + 4z = 4$

Addition ergibt: (5) $10x + 7z = 9$

Nun haben wir 2 Gleichungen ohne y:

(4) $10x + 6z = 9$
(5) $10x + 7z = 9$

Diese können wir sogar direkt subtrahieren: (4) − (5): $-z = 0 \mid :(-1)$

Also $z = 0$. Wir setzen $z = 0$ in (4): $10x = 9 \mid :10$
$$x = 9/10 = 0{,}9$$

Nun können wir $z = 0$ und $x = 9/10$ in Gleichung (1) ein:

$$2 \cdot 9/10 + 4y + 3 \cdot 0 = 5$$
$$9/5 + 4y = 5 \quad \mid \ -9/5$$
$$4y = 16/5 \mid \ :4$$
$$y = 4/5 = 0{,}8$$

Also: $x = 0{,}9$, $y = 0{,}8$, $z = 0$ bzw. $\mathbb{L} = \{(0{,}9;\ 0{,}8;\ 0)\}$.
Beim Einsetzen von 9/10 hätte auch die Dezimalzahl 0,9 verwendet werden können, was natürlich bei Brüchen, die zu periodischen Zahlen führen, wie 1/3 oder 2/7, auf keinen Fall gemacht werden sollte, da hier nicht exakt gerechnet werden kann.

Mit dem Gauß-Tableau und Umformung auf Dreiecksform:
Gauß-Tableau (am Anfang):

x	y	z	Rechte Seite
2	4	3	5
4	-2	2	2
6	2	4	7

Schritte: $(2') = -2 \cdot (1) + (2)$ und $(3') = -3 \cdot (1) + (3)$

Gauß-Tableau (nach den ersten Schritten):

x	y	z	Rechte Seite
2	4	3	5
0	-10	-4	-8
0	-10	-5	-8

Schritte: $(2'') = -(2') + (3')$

Gauß-Tableau (am Ende):

x	y	z	Rechte Seite
2	4	3	5
0	-10	-4	-8
0	0	-1	0

Die letzte Gleichung liefert z = 0, was in die zweite Gleichung eingesetzt werden kann und womit sich y = 0,8 ergibt. Mit der ersten Gleichung ergibt sich dann x = 0,9. $\mathbb{L} = \{(0,9;\ 0,8;\ 0)\}$.

d) (1) $\quad x + 2y - 2z = 1$

   (2) $\quad -2x + y + 3z = -1$

   (3) $\quad -x + 3y + z = 4$

Ohne Gauß-Tableau:
Wir eliminieren x.

(1) + (3): (4) 5y − z = 5

Nun addieren wir das 2-fache der Gleichung (1) zur Gleichung (2)

2·(1) 2x + 4y − 4z = 2
  (2) -2x + y + 3z = -1

Addieren ergibt: (5) 5y − z = 1

Nun haben wir 2 Gleichungen ohne x:

(4) 5y − z = 5
(5) 5y − z = 1

Wir subtrahieren: (4) − (5): 0 = 4.

Es ergibt sich ein Widerspruch, womit es keine Lösung gibt: $\mathbb{L} = \{\}$

Mit dem Gauß-Tableau und Umformung auf Dreiecksform:
Gauß-Tableau (am Anfang):

x	y	z	Rechte Seite
1	2	-2	1
-2	1	3	-1
-1	3	1	4

Schritte: $(2') = 2·(1) + (2)$ und $(3') = (1) + (3)$

Gauß-Tableau (nach den ersten Schritten):

x	y	z	Rechte Seite
1	2	-2	1
0	5	-1	1
0	5	-1	5

Schritte: $(3'') = -(2') + (3')$

Gauß-Tableau (am Ende):

x	y	z	Rechte Seite
1	2	-2	1
0	5	-1	1
0	0	0	4

Also keine Lösung (letzte Zeile liefert den Widerspruch 0 = 4). $\mathbb{L} = \{\}$.

e) (1) $-x + 2y - 2z = 2$

   (2) $\quad\quad y + 3z = -1$

   (3) $x - y + 5z = -3$

Ohne Gauß-Tableau:
Bei der Gleichung (2) fehlt bereits das x, womit wir nur noch die Gleichungen (1) und (3) so kombinieren müssen, dass x entfällt.

Wir addieren (1) und (3): (4) y + 3z = -1

Nun haben wir 2 Gleichungen mit 2 Unbekannten:

(2) y + 3z = -1
(4) y + 3z = -1

Wenn wir diese beiden Gleichungen subtrahieren, ergibt sich 0 = 0, also unendlich viele Lösungen. D.h. wir könnten immer z auf einen rationalen Wert setzen und würden eine Lösung für x und y erhalten. Das machen wir nun einfach allgemein, indem wir z = t setzen (t als Platzhalter für eine beliebige rationale Zahl):

Das setzen wir in (2) ein und lösen nach y auf: y + 3t = -1
Wir erhalten: y = -1 - 3t
Nun können wir z = t und y = -1 - 3t in (3) (oder (1)) einsetzen, womit wir x erhalten:

x – (-1 – 3t) + 5t = -3
x + 1 + 3t + 5t = -3
x + 1 + 8t = -3 | -1 - 8t
x = -4 – 8t

Also: x = -4-8t, y = -1-3t, z = t bzw. $\mathbb{L} = \{(-4-8t; -1-3t; t) | t \in \mathbb{R}\}$.

Mit dem Gauß-Tableau und Umformung auf Dreiecksform:
Gauß-Tableau (am Anfang):

x	y	z	Rechte Seite
-1	2	-2	2
0	1	3	-1
1	-1	5	-3

Schritte: $(3') = (1) + (3)$

Gauß-Tableau (nach den ersten Schritten):

x	y	z	Rechte Seite
-1	2	-2	2
0	1	3	-1
0	1	3	-1

Schritte: $(3'') = -(2') + (3')$

Gauß-Tableau (am Ende):

x	y	z	Rechte Seite
-1	2	-2	2
0	1	3	-1
0	0	0	0

Nullzeile, also unendlich viele Lösungen. Nun können wir z.B. $z = t$ setzen und dies in die zweite Gleichung (in $y + 3z = -1$) einsetzen, womit wir $y = -3t -1$ erhalten. Mit der ersten Zeile ergibt sich dann (wie oben) $x = -4 - 8t$. $\mathbb{L} = \{(-4-8t;\ -1-3t;\ t)|\ t\in\mathbb{R}\}$.

Bemerkung:

x	y	z	Rechte Seite
-2	2	5	3
5	-2	3	1
7	5	-7	-2

Statt $(2') = 5{\cdot}(1) + 2{\cdot}(2)$ und $(3') = 7{\cdot}(1) + 2{\cdot}(3)$ zu rechnen, könnte auch - wenn Brüche nicht gescheut werden - zuerst die erste Zeile durch (-2) $((1') = (1)/(-2))$ dividiert werden:

x	y	z	Rechte Seite
1	-1	-5/2	-3/2
5	-2	3	1
7	5	-7	-2

Nun sind die Schritte einfach: $(2'') = -5{\cdot}(1') + (2')$ und $(3'') = -7{\cdot}(1') + (3')$. Allgemein können auch Zeilen vertauscht werden, damit z.B. oben links eine 1 steht. Es können auch Spalten vertauscht werden, was aber zur Vertauschung der Variablenreihenfolge führt.

Aufgaben zur Vektorrechnung (Winkel und Skalarprodukt)

1) Welche der folgenden Vektoren sind orthogonal zueinander?

$$\vec{a} = \begin{pmatrix} 1 \\ 4 \\ 2 \end{pmatrix}, \ \vec{b} = \begin{pmatrix} -2 \\ 0 \\ 1 \end{pmatrix}, \ \vec{c} = \begin{pmatrix} 4 \\ -2 \\ 1 \end{pmatrix}, \ \vec{d} = \begin{pmatrix} 0 \\ 4 \\ 0 \end{pmatrix}, \ \vec{e} = \begin{pmatrix} 1 \\ 1 \\ -2 \end{pmatrix}$$

2) Wie muss a gewählt werden, damit die Vektoren $\vec{a}$ und $\vec{b}$ orthogonal sind?

a) $\vec{a} = \begin{pmatrix} a \\ 2 \\ 1 \end{pmatrix}, \ \vec{b} = \begin{pmatrix} 2 \\ -4 \\ 2 \end{pmatrix}$
b) $\vec{a} = \begin{pmatrix} -2 \\ a \\ 3 \end{pmatrix}, \ \vec{b} = \begin{pmatrix} 5 \\ 4 \\ -2 \end{pmatrix}$

3) Gesucht wird der Winkel zwischen den Vektoren $\vec{a}$ und $\vec{b}$:

a) $\vec{a} = \begin{pmatrix} 2 \\ -1 \\ 2 \end{pmatrix}, \ \vec{b} = \begin{pmatrix} 3 \\ 4 \\ 1 \end{pmatrix}$
b) $\vec{a} = \begin{pmatrix} 0 \\ 1 \\ -1 \end{pmatrix}, \ \vec{b} = \begin{pmatrix} 2 \\ -1 \\ 3 \end{pmatrix}$

4) Wie muss bei der Aufgabe 2a) der Parameter a gewählt werden, damit der Winkel kleiner als 90° ist?

5) a) Wie groß ist der Winkel α in der Ecke A des Dreiecks mit A(2|2|0), B(8|2|0), C(5|7|1)?

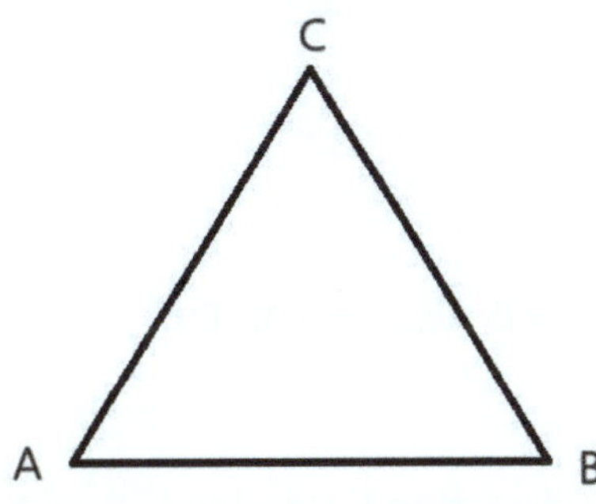

b) Das Dreiecke sieht in der obigen Skizze gleichseitig aus (jede Seite ist gleich lang). Ist dies der Fall und wie groß sind die restlichen Winkel?

6) Im unteren Quader wird der Winkel gesucht, den die Diagonale $\overline{AC}$ mit der Kante $\overline{AB}$ einschließt und der, den die Raumdiagonale $\overline{AG}$ mit der Diagonalen $\overline{AC}$ einschließt.

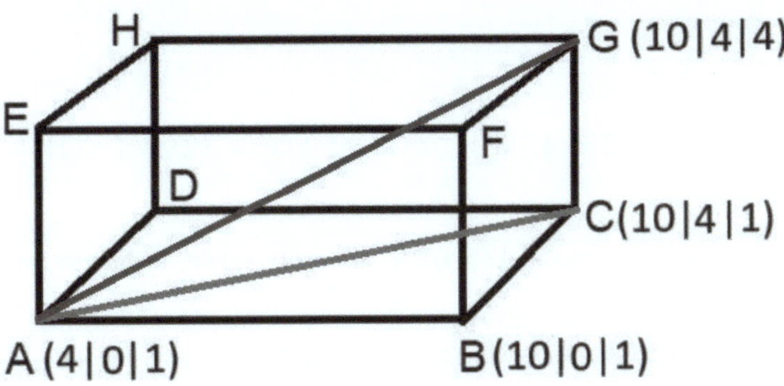

Lösungen:

1) Welche der folgenden Vektoren sind orthogonal zueinander?

$$\vec{a} = \begin{pmatrix} 1 \\ 4 \\ 2 \end{pmatrix}, \ \vec{b} = \begin{pmatrix} -2 \\ 0 \\ 1 \end{pmatrix}, \ \vec{c} = \begin{pmatrix} 4 \\ -2 \\ 1 \end{pmatrix}, \ \vec{d} = \begin{pmatrix} 0 \\ 4 \\ 0 \end{pmatrix}, \ \vec{e} = \begin{pmatrix} 1 \\ 1 \\ -2 \end{pmatrix}$$

Wie prüfen, ob das Skalarprodukt zwischen je zwei Vektoren gleich 0 ist. Theoretisch müssten wir 5 über 2 und damit 10 Möglichkeiten prüfen. Beim Betrachten der Vektoren kann man aber schon bestimmte Möglichkeiten ausschließen, z.B. könnten die Vektoren $\vec{d}$ und $\vec{e}$ nicht orthogonal sein.

Die Vektoren $\vec{a}$ und $\vec{b}$ sind orthogonal, denn $\vec{a} \cdot \vec{b} = \begin{pmatrix} 1 \\ 4 \\ 2 \end{pmatrix} \cdot \begin{pmatrix} -2 \\ 0 \\ 1 \end{pmatrix} = 1 \cdot (-2) + 4 \cdot 0 + 2 \cdot 1 = 0.$

Die Vektoren $\vec{a}$ und $\vec{c}$ sind nicht orthogonal, denn $\vec{a} \cdot \vec{c} = \begin{pmatrix} 1 \\ 4 \\ 2 \end{pmatrix} \cdot \begin{pmatrix} 4 \\ -2 \\ 1 \end{pmatrix} = 4 - 8 + 2 = -2 \neq 0.$

Orthogonal sind noch $\vec{b}$ und $\vec{d}$, wie auch $\vec{c}$ und $\vec{e}$.

2) Wie muss a gewählt werden, damit die Vektoren $\vec{a}$ und $\vec{b}$ orthogonal sind?

a) $\vec{a} = \begin{pmatrix} a \\ 2 \\ 1 \end{pmatrix}, \ \vec{b} = \begin{pmatrix} 2 \\ -4 \\ 2 \end{pmatrix}$ Wir müssen die Gleichung $\vec{a} \cdot \vec{b} = 0$ nach a auflösen:

$$\begin{pmatrix} a \\ 2 \\ 1 \end{pmatrix} \cdot \begin{pmatrix} 2 \\ -4 \\ 2 \end{pmatrix} = 0 \Leftrightarrow 2a - 8 + 2 = 0 \Leftrightarrow 2a - 6 = 0. \text{ Damit gilt } a = 3.$$

b) $\begin{pmatrix} -2 \\ a \\ 3 \end{pmatrix} \cdot \begin{pmatrix} 5 \\ 4 \\ -2 \end{pmatrix} = 0 \Leftrightarrow -10 + 4a - 6 = 0$, was $a = 4$ ergibt.

3) Gesucht wird der Winkel zwischen den Vektoren $\vec{a}$ und $\vec{b}$:

a) $\vec{a} = \begin{pmatrix} 2 \\ -1 \\ 2 \end{pmatrix}, \ \vec{b} = \begin{pmatrix} 3 \\ 4 \\ 1 \end{pmatrix}$

Es gilt:

$$\cos(\alpha) = \frac{\vec{a} \cdot \vec{b}}{|\vec{a}| \cdot |\vec{b}|}$$

Wir benötigen:

$$\vec{a} \cdot \vec{b} = \begin{pmatrix} 2 \\ -1 \\ 2 \end{pmatrix} \cdot \begin{pmatrix} 3 \\ 4 \\ 1 \end{pmatrix} = 6 - 4 + 2 = 4, \ |\vec{a}| = \sqrt{a_1^2 + a_2^2 + a_3^2} = \sqrt{2^2 + (-1)^2 + 2^2} = 3$$

und $|\vec{b}| = \sqrt{b_1^2 + b_2^2 + b_3^2} = \sqrt{3^2 + 4^2 + 1^2} = \sqrt{26}$. Da $\vec{a} \cdot \vec{b} > 0$ ist, ergibt sich ein Winkel unter 90°.

$$\cos(\alpha) = \frac{\vec{a} \cdot \vec{b}}{|\vec{a}| \cdot |\vec{b}|} = \frac{4}{3 \cdot \sqrt{26}} \text{ womit } \alpha = \cos^{-1}\left(\frac{4}{3 \cdot \sqrt{26}}\right) \approx 74{,}84°$$

b) $\vec{a} = \begin{pmatrix} 0 \\ 1 \\ -1 \end{pmatrix}$, $\vec{b} = \begin{pmatrix} 2 \\ -1 \\ 3 \end{pmatrix}$ und hier ist $\vec{a} \cdot \vec{b}$ = -4 < 0, womit α > 90° ist.

Wir erhalten: $\alpha = \cos^{-1}\left(\dfrac{\vec{a}\cdot\vec{b}}{|\vec{a}|\cdot|\vec{b}|}\right) = \cos^{-1}\left(\dfrac{-4}{\sqrt{2}\cdot\sqrt{14}}\right) \approx 139,11°$

4) Wie muss bei der Aufgabe 2a) der Parameter a gewählt werden, damit der Winkel kleiner als 90° ist? Hier muss $\vec{a} \cdot \vec{b}$ größer als 0 sein:

$\begin{pmatrix} a \\ 2 \\ 1 \end{pmatrix} \cdot \begin{pmatrix} 2 \\ -4 \\ 2 \end{pmatrix} > 0 \Leftrightarrow$ 2a − 8 + 2 > 0 $\Leftrightarrow$ 2a − 6 > 0, womit a > 3 sein muss. Bei Ungleichungen muss, wenn durch eine negative Zahl dividiert wird, das „>"-Zeichen oder auch das „<"-Zeichen umgedreht werden, was hier aber nicht der Fall war (siehe https://mathe-total.de/new-MS/Ungleichungen-und-Textaufgaben.pdf). Für a < 3 wäre der Winkel über 90°.

5) a) Wie groß ist der Winkel α in der Ecke A des Dreiecks mit A(2|2|0), B(8|2|0), C(5|7|1)?

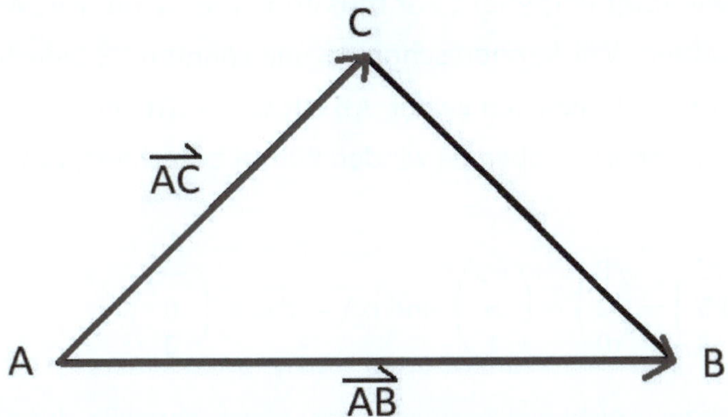

Oben sehen wir eine Skizze des Dreiecks. Wir gehen von der Ecke A aus und berechnen die Vektoren, die von A aus auf die anderen Eckpunkte B und C zeigen (die Vektoren müssen bei der Winkelberechnung beide von der Ecke weg oder beide zur Ecke hin zeigen):

$$\overrightarrow{AB} = \overrightarrow{OB} - \overrightarrow{OA} = \begin{pmatrix} 8 \\ 2 \\ 0 \end{pmatrix} - \begin{pmatrix} 2 \\ 2 \\ 0 \end{pmatrix} = \begin{pmatrix} 6 \\ 0 \\ 0 \end{pmatrix}$$

$$\overrightarrow{AC} = \overrightarrow{OC} - \overrightarrow{OA} = \begin{pmatrix} 5 \\ 7 \\ 1 \end{pmatrix} - \begin{pmatrix} 2 \\ 2 \\ 0 \end{pmatrix} = \begin{pmatrix} 3 \\ 5 \\ 1 \end{pmatrix}$$

Danach verwenden wir:

$$\cos(\alpha) = \frac{\overrightarrow{AB} \cdot \overrightarrow{AC}}{|\overrightarrow{AB}| \cdot |\overrightarrow{AC}|}$$

$$|\overrightarrow{AB}| = \left|\begin{pmatrix} 6 \\ 0 \\ 0 \end{pmatrix}\right| = \sqrt{36 + 0 + 0} = \sqrt{36} = 6$$

$$|\overrightarrow{AC}| = \left|\begin{pmatrix} 3 \\ 5 \\ 1 \end{pmatrix}\right| = \sqrt{9 + 25 + 1} = \sqrt{35}$$

$$\overrightarrow{AB} \cdot \overrightarrow{AC} = \begin{pmatrix} 6 \\ 0 \\ 0 \end{pmatrix} \cdot \begin{pmatrix} 3 \\ 5 \\ 1 \end{pmatrix} = 18$$

Damit ist:

$$\alpha = \cos^{-1}\left(\frac{\overrightarrow{AB}\cdot\overrightarrow{AC}}{|\overrightarrow{AB}|\cdot|\overrightarrow{AC}|}\right) = \cos^{-1}\left(\frac{18}{6\cdot\sqrt{35}}\right) \approx 59{,}53°$$

b) Das Dreiecke sieht in der Skizze gleichseitig aus (jede Seite ist gleich lang). Ist dies der Fall und wie groß sind die restlichen Winkel?

Wir sehen schon, dass das Dreieck nicht gleichseitig sein kann, denn hier müssten alle Seiten gleich lang sein und zwei Seiten sind schon unterschiedlich lang.

Im Allgemeinen müssten wir nun wie folgt vorgehen: Wir müssten einen weiteren Winkel berechnen und beispielsweise β wählen. Wir kennen schon $\overrightarrow{AB}$ und könnten $\overrightarrow{CB}$ berechnen, damit beide Vektoren auf B zeigen oder wir drehen den Vektor $\overrightarrow{AB}$ mit $\overrightarrow{BA} = -\overrightarrow{AB}$ herum, dann können wir $\overrightarrow{BC}$ berechnen, womit beide Vektoren, über die wir den Winkel berechnen, von B weg zeigen:

$$\overrightarrow{BC} = \overrightarrow{OC} - \overrightarrow{OB} = \begin{pmatrix} 5 \\ 7 \\ 1 \end{pmatrix} - \begin{pmatrix} 8 \\ 2 \\ 0 \end{pmatrix} = \begin{pmatrix} -3 \\ 5 \\ 1 \end{pmatrix} \text{ und } \overrightarrow{BA} = -\overrightarrow{AB} = \begin{pmatrix} -6 \\ 0 \\ 0 \end{pmatrix}.$$

Ab hier erkennen wir, dass das Dreieck zwar nicht gleichseitig ist, aber gleichschenklig, denn $\overrightarrow{BC}$ hat die gleiche Länge wie $\overrightarrow{AC}$, beide haben den Betrag $\sqrt{35}$. Damit müssen wir β nicht berechnen.

$$|\overrightarrow{BC}| = \left|\begin{pmatrix} -3 \\ 5 \\ 1 \end{pmatrix}\right| = \sqrt{9 + 25 + 1} = \sqrt{35} \text{ (und } |\overrightarrow{BA}| = |\overrightarrow{AB}| = 6).$$

Hier gilt $\alpha = \beta$, da die Seiten a (mit der Länge $|\overrightarrow{BC}|$) und b (mit der Länge $|\overrightarrow{AC}|$) die Schenkel sind:

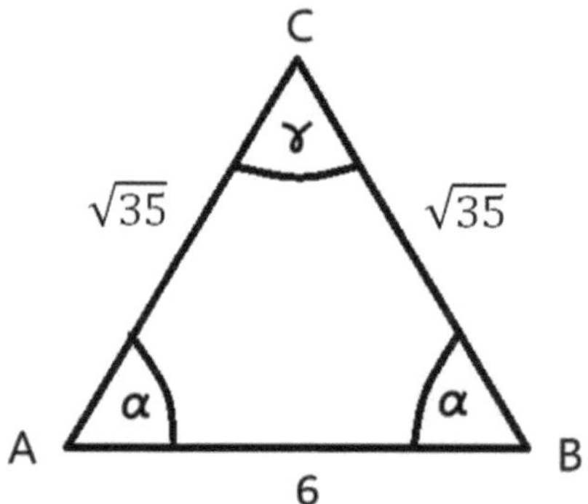

Wenn das Dreieck nicht gleichschenklig wäre, müssten wir β über

$$\cos(\beta) = \frac{\overrightarrow{BA} \cdot \overrightarrow{BC}}{|\overrightarrow{BA}| \cdot |\overrightarrow{BC}|} \quad \text{und somit } \beta = \cos^{-1}\left(\frac{\overrightarrow{BA} \cdot \overrightarrow{BC}}{|\overrightarrow{BA}| \cdot |\overrightarrow{BC}|}\right)$$

berechnen. Hier ist aber $\alpha = \beta \approx 59{,}53°$.

Mit $\alpha + \beta + \gamma = 180°$ ergibt sich $\gamma \approx 180° - 2 \cdot 59{,}53° = 60{,}94°$

6) Im unteren Quader wird der Winkel gesucht, den die Diagonale $\overline{AC}$ mit der Kante $\overline{AB}$ einschließt und der, den die Raumdiagonale $\overline{AG}$ mit der Diagonalen $\overline{AC}$ einschließt.

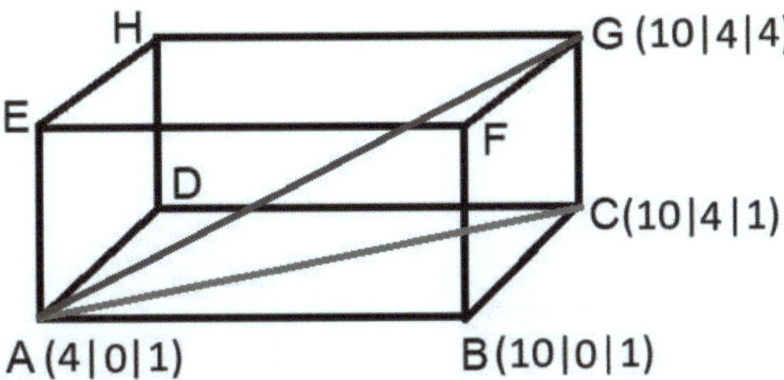

Wir bestimmen erst einmal alle Vektoren, die wie benötigen:

$$\overrightarrow{AB} = \overrightarrow{OB} - \overrightarrow{OA} = \begin{pmatrix} 10 \\ 0 \\ 1 \end{pmatrix} - \begin{pmatrix} 4 \\ 0 \\ 1 \end{pmatrix} = \begin{pmatrix} 6 \\ 0 \\ 0 \end{pmatrix}, \quad \overrightarrow{AC} = \overrightarrow{OC} - \overrightarrow{OA} = \begin{pmatrix} 10 \\ 4 \\ 1 \end{pmatrix} - \begin{pmatrix} 4 \\ 0 \\ 1 \end{pmatrix} = \begin{pmatrix} 6 \\ 4 \\ 0 \end{pmatrix}$$

$$\text{und } \overrightarrow{AG} = \overrightarrow{OG} - \overrightarrow{OA} = \begin{pmatrix} 10 \\ 4 \\ 4 \end{pmatrix} - \begin{pmatrix} 4 \\ 0 \\ 1 \end{pmatrix} = \begin{pmatrix} 6 \\ 4 \\ 3 \end{pmatrix}.$$

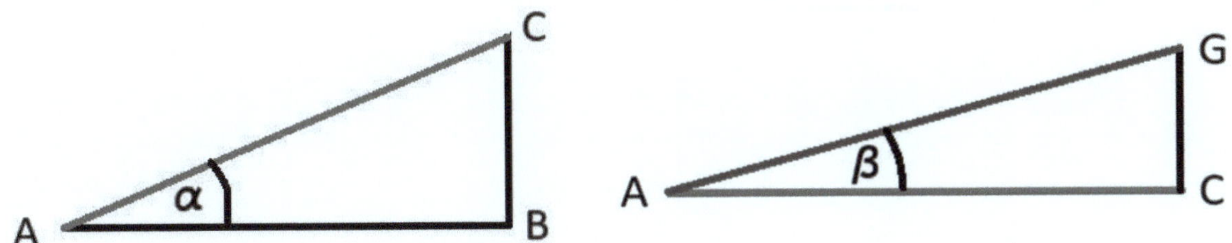

Wir berechnen die Winkel: Oben wurde der Winkel, den die Diagonale $\overline{AC}$ mit der Kante $\overline{AB}$ einschließt, mit α bezeichnet und der Winkel, den die Raumdiagonale $\overline{AG}$ mit der Diagonalen $\overline{AC}$ einschließt, mit β.

$$\cos(\alpha) = \frac{\overrightarrow{AB} \cdot \overrightarrow{AC}}{|\overrightarrow{AB}| \cdot |\overrightarrow{AC}|} = \frac{6 \cdot 6 + 0 \cdot 4 + 0 \cdot 0}{\sqrt{36 + 0 + 0} \cdot \sqrt{36 + 16 + 0}} = \frac{36}{6 \cdot \sqrt{52}}$$

$$\alpha = \cos^{-1}\left(\frac{36}{6 \cdot \sqrt{52}}\right) \approx 33{.}69°$$

$$\cos(\beta) = \frac{\overrightarrow{AG} \cdot \overrightarrow{AC}}{|\overrightarrow{AG}| \cdot |\overrightarrow{AC}|} = \frac{6 \cdot 6 + 4 \cdot 4 + 3 \cdot 0}{\sqrt{36 + 16 + 9} \cdot \sqrt{36 + 16 + 0}} = \frac{52}{\sqrt{61} \cdot \sqrt{52}}$$

$$\beta = \cos^{-1}\left(\frac{52}{\sqrt{61} \cdot \sqrt{52}}\right) \approx 22{,}59°$$

In den obigen Skizzen des Quaders wurde dieser gedreht dargestellt. Beim Einzeichnen in das übliche Koordinatensystem sieht der Quader wie folgt aus:

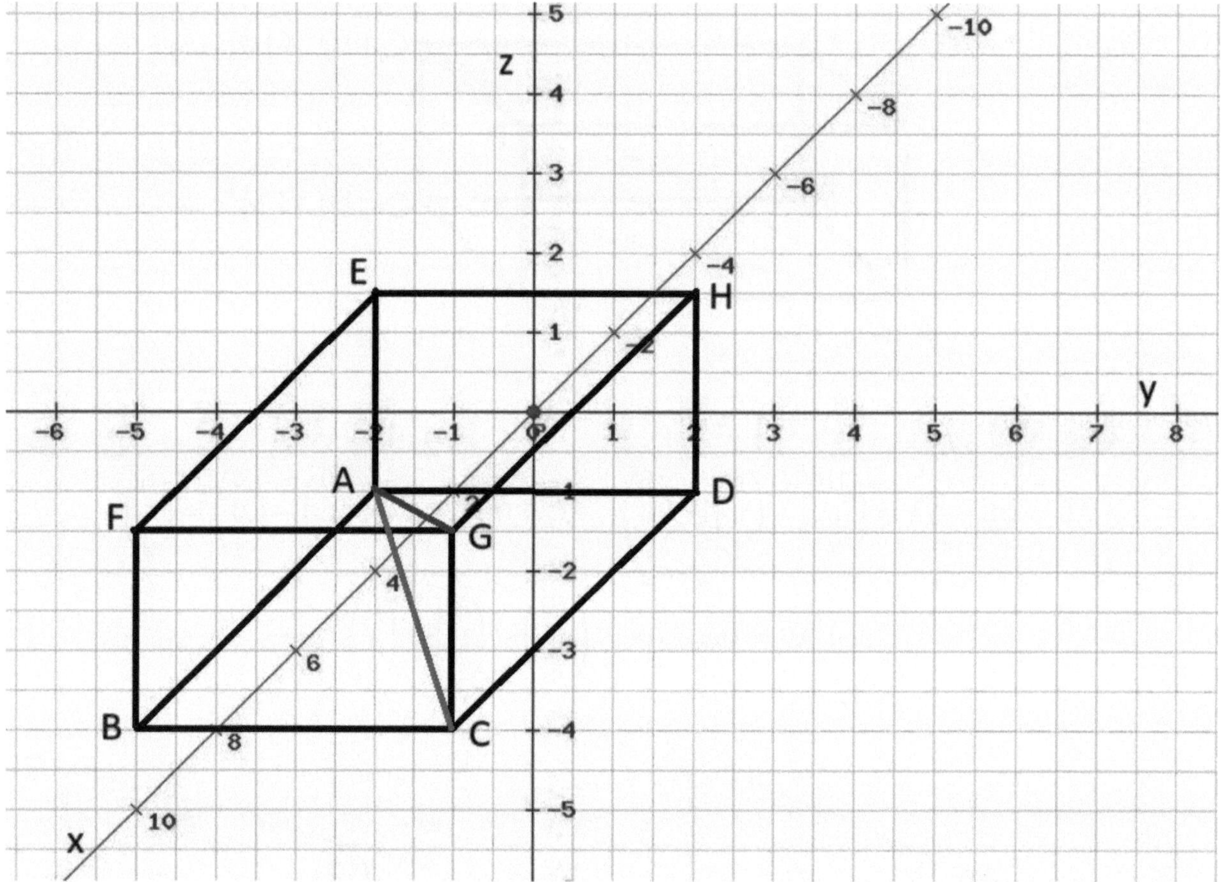

Aufgaben zur Vektorrechnung (Flächen und Volumen)

1) Es sollen die Koordinaten eines Quaders bestimmt werden, der so gelegt wird, dass D im Ursprung liegt und A auf der x-Achse. Der Abstand von A und D beträgt 5 Einheiten und der von D und C beträgt 6 Einheiten. D und H sind 4 Einheiten voneinander entfernt.

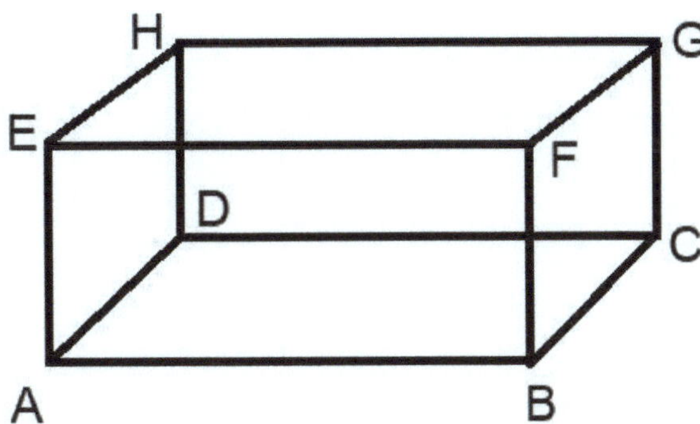

a) Wie lauten die Koordinaten der Eckpunkte?
b) P ist der Mittelpunkt der Ebene ADHE und Q der der Deckebene EFGH.
Wie weit sind beide entfernt?
c) R liegt auf der Geraden durch P und Q und befindet sich oberhalb der Deckebene, wobei R 1,5-mal so weit von P entfernt, wie Q von P entfernt ist. Wie lauten die Koordinaten von R?
d) Wie lauten die Koordinaten des Punktes R', der ebenfalls auf der Geraden durch P und Q liegt und sich 0,5 Einheiten über der Deckfläche EFGH des Quaders befindet?

2) Gegeben sind die Eckpunkte A(5|1|0), B(1|5|0), C(-5|-1|0) und E(5|1|5) eines Quaders.
a) Gesucht sind die restlichen Eckpunkte.
b) Wie groß ist das Volumen des Quaders?
c) Wie lange ist die Raumdiagonale?

3) Eine Pyramide hat eine Grundfläche mit den Eckpunkte A(2|2|1), B(-2|2|1) und C(-2|-2|1).
a) Wie lauten die Koordinaten des Eckpunktes D der quadratischen Grundfläche ABCD?
b) Die Pyramide ist 6 Einheiten hoch und die Spitze S liegt über der Mitte der Grundfläche. Wie lauten die Koordinaten von S?
c) Wie groß ist das Volumen der Pyramide?
d) Wie groß ist die Höhe einer Seite und wie groß die Oberfläche der Pyramide?

4) Es wird ein Sonnensegel durch die Eckpunkte A(4|-5|2), B(7|-3|3) und C(6|-5|4) gespannt. Wir groß ist dessen Fläche (alle Angaben sind in m gegeben)?

Lösungen:

a) A(5|0|0), B(5|6|0), C(0|6|0), D(0|0|0), E(5|0|4), F(5|6|4), G(0|6|4), H(0|0|4)

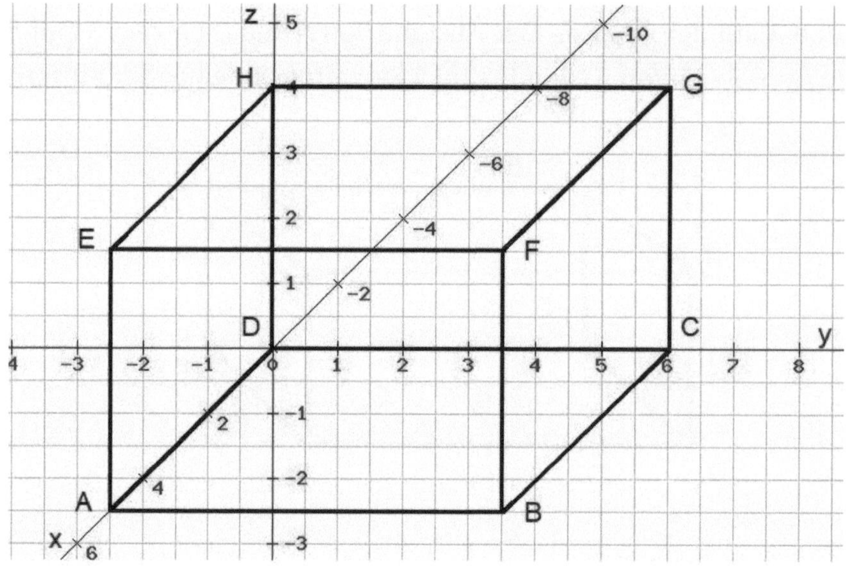

b) P(2,5|0|2) liegt in der x-z-Ebene, womit die y-Koordinate 0 ist und Q(2,5|3|4) befindet sich 4 Einheiten über der x-y-Ebene. Um vom Ursprung O bzw. hier D nach P zu gelangen, wäre eine Bewegung von 2,5 Einheiten in x-Richtung (die Hälfte des Abstandes von A und D) und 2 Einheiten (Hälfte der Höhe des Quaders) in z-Richtung notwendig. Q befindet sich 4 Einheiten über der Mitte der Grundfläche ABCD.

Allgemein kann z.B. P als Mittelpunkt von A(a_1|a_2|a_3) und H(h_1|h_2|h_3) (oder D und E) bestimmt werden. Damit gilt: P((a_1+h_1)/2|(a_2+h_2)/2|(a_3+h_3)/2) (Q ist z.B. der Mittelpunkt von H und F.)

c) Es gilt:

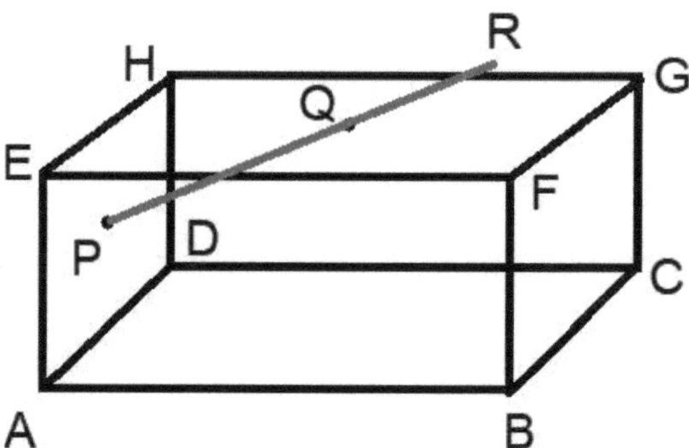

$$\overrightarrow{PQ} = \overrightarrow{OQ} - \overrightarrow{OP} = \begin{pmatrix} 2,5 \\ 3 \\ 4 \end{pmatrix} - \begin{pmatrix} 2,5 \\ 0 \\ 2 \end{pmatrix} = \begin{pmatrix} 0 \\ 3 \\ 2 \end{pmatrix}$$

$$\overrightarrow{OR} = \overrightarrow{OP} + 1,5 \cdot \overrightarrow{PQ} = \begin{pmatrix} 2,5 \\ 0 \\ 2 \end{pmatrix} + 1,5 \cdot \begin{pmatrix} 0 \\ 3 \\ 2 \end{pmatrix} = \begin{pmatrix} 2,5 \\ 4,5 \\ 5 \end{pmatrix}$$

Damit ist R(2,5|4,5|5).

d) Es gilt:

$$\overrightarrow{OR'} = \overrightarrow{OP} + t \cdot \overrightarrow{PQ} = \begin{pmatrix} 2,5 \\ 0 \\ 2 \end{pmatrix} + t \cdot \begin{pmatrix} 0 \\ 3 \\ 2 \end{pmatrix}$$

Da bei allen Punkten der Deckfläche des Quaders die z-Koordinate den Wert 4 hat, hätte ein Punkt 0,5 Einheiten über der Deckfläche wie R' die z-Koordinate 4,5: R'(x|y|4,5).

Damit gilt: 2 + 2t = 4,5 | -2
$$2t = 2,5 \quad | :2$$
$$t = 1,25$$

Also erhalten wir R' durch:

$$\overrightarrow{OR'} = \begin{pmatrix} 2,5 \\ 0 \\ 2 \end{pmatrix} + 1,25 \cdot \begin{pmatrix} 0 \\ 3 \\ 2 \end{pmatrix} = \begin{pmatrix} 2,5 \\ 3,75 \\ 4,5 \end{pmatrix} \quad \Longrightarrow \quad R'(2,5|3,75|5)$$

2) Gegeben sind die Eckpunkte A(5|1|0), B(1|5|0), C(-5|-1|0) und E(5|1|5) eines Quaders.
a) Gesucht sind die restlichen Eckpunkte:

Es gilt $\overrightarrow{AD} = \overrightarrow{BC}$. Damit ist $\overrightarrow{OD} = \overrightarrow{OA} + \overrightarrow{BC} = \begin{pmatrix} 5 \\ 1 \\ 0 \end{pmatrix} + \begin{pmatrix} -5 - 1 \\ -1 - 5 \\ 0 - 0 \end{pmatrix} = \begin{pmatrix} -1 \\ -5 \\ 0 \end{pmatrix}$ $(\overrightarrow{BC} = \overrightarrow{OC} - \overrightarrow{OB})$

$\Rightarrow$ D(-1|-5|0)

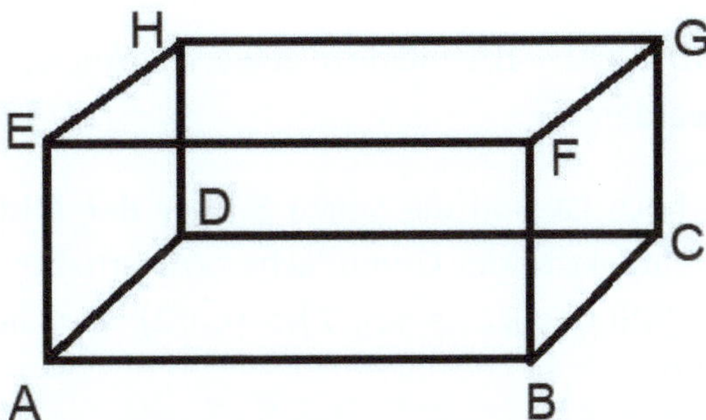

Außerdem gilt $\overrightarrow{AE} = \overrightarrow{BF} = \overrightarrow{CG} = \overrightarrow{DH} = \begin{pmatrix} 0 \\ 0 \\ 5 \end{pmatrix}$, womit $\overrightarrow{OF} = \overrightarrow{OB} + \overrightarrow{AE}$, $\overrightarrow{OG} = \overrightarrow{OC} + \overrightarrow{AE}$, usw. .

Oder wir addieren 5 zur z-Komponente von B, um F zu erhalten. Hiermit erhalten wir:
F(1|5|5), G(-5|-1|5) und H(-1|-5|5).

b) Berechnung des Volumens des Quaders:

Wir benötigen z.B. den Abstand von A und D (bzw. die Länge von $\overrightarrow{AD}$) als Länge, z.B. den Abstand von A und B als Breite und als Höhe können wir den Abstand von A und E verwenden, der 5 Längeneinheiten beträgt:

$$|\overrightarrow{AD}| = \left| \begin{pmatrix} -6 \\ -6 \\ 0 \end{pmatrix} \right| = \sqrt{36 + 36 + 0} = \sqrt{72} \quad \text{und} \quad |\overrightarrow{AB}| = \left| \begin{pmatrix} -4 \\ 4 \\ 0 \end{pmatrix} \right| = \sqrt{16 + 16 + 0} = \sqrt{32}$$

Das Volumen beträgt: V = $\sqrt{72} \cdot \sqrt{32} \cdot 5$ VE = 240 VE

c) Wie lange ist die Raumdiagonale?

Hier können wir die z.B. die Länge von $\overrightarrow{AG}$ berechnen oder wir verwenden die Abstandsformel:

$$d = \sqrt{(g_1 - a_1)^2 + (g_2 - a_2)^2 + (g_3 - a_3)^2} = \sqrt{(-5-5)^2 + (-1-1)^2 + (5-0)^2} = \sqrt{129}$$

Also beträgt die Raumdiagonale ca. 11,36 LE.

3) Die Eckpunkte sind A(2|2|1), B(-2|2|1) und C(-2|-2|1).

a) Bestimmung des Eckpunktes D:

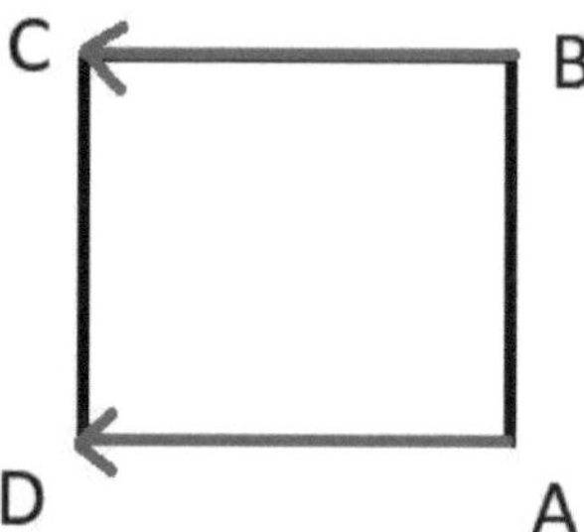

Es gilt wie bei 2a):

$\overrightarrow{AD} = \overrightarrow{BC}$. Damit ist $\overrightarrow{OD} = \overrightarrow{OA} + \overrightarrow{BC} = \begin{pmatrix} 2 \\ 2 \\ 1 \end{pmatrix} + \begin{pmatrix} -2-(-2) \\ -2-2 \\ 1-1 \end{pmatrix} = \begin{pmatrix} 2 \\ -2 \\ 1 \end{pmatrix}$ $(\overrightarrow{BC} = \overrightarrow{OC} - \overrightarrow{OB})$

$\Rightarrow$ D(2|-2|1)

Da $\overrightarrow{BA} = \overrightarrow{CD}$ gilt, wäre auch $\overrightarrow{OD} = \overrightarrow{OC} + \overrightarrow{BA}$ möglich gewesen. Analog kann natürlich auch bei Parallelogrammen vorgegangen werden.

b) Da die Pyramide 6 Einheiten hoch ist und die Spitze S über der Mitte der Grundfläche liegt, berechnen wir zunächst den Mittelpunkt M der Grundfläche: Wir erhalten M(0|0|1), da M u.a. die Mitte der Punkte A und C darstellt (M((a_1+c_1)/2|(a_2+c_2)/2|(a_3+c_3)/2)). Nun liegt die Spitze S insgesamt 6 Einheiten über M, womit S(0|0|7) ist.

c) Zum Volumen der Pyramide: Die Höhe h beträgt 6 Längeneinheiten. Damit benötigen wir nur noch die Grundfläche G. Da diese ein Quadrat ist, genügt für deren Berechnung die Länge einer Seite:

$$|\overrightarrow{AB}| = |\overrightarrow{OB} - \overrightarrow{OA}| = \left| \begin{pmatrix} -4 \\ 0 \\ 0 \end{pmatrix} \right| = \sqrt{16 + 0 + 0} = 4$$

Bemerkung:

Da $\overrightarrow{BC} = \begin{pmatrix} -2-(-2) \\ -2-2 \\ 1-1 \end{pmatrix} = \begin{pmatrix} 0 \\ -4 \\ 0 \end{pmatrix}$ ist und $\overrightarrow{AB} \cdot \overrightarrow{BC} = 0$ gilt, was wir auf den ersten Blick sehen können, ist ABCD zumindest ein Rechteck. Wir sehen zusätzlich, dass $|\overrightarrow{AB}| = |\overrightarrow{BC}| = 4$ gilt, womit es sich bei der Grundfläche um ein Quadrat handelt, was aber nicht zu zeigen war, da dies die Aufgabenstellung vorgab (in a)).

Da die Grundfläche ein Quadrat ist, gilt G = $|\overrightarrow{AB}|^2$ = 16 (FE).

Das Volumen der Pyramide beträgt V = 1/3 · G · h = 1/3 · 16 · 6 = 32 (VE).

d) Berechnung einer Seitenhöhe:

Allgemein kann die Dreiecksfläche wie unter http://www.mathe-total.de/LA-Skript/AG-Grundlagen.pdf in Kapitel 1.4.2 beschrieben berechnet werden, was wir in Aufgabe 4 anwenden.

Hier handelt es sich bei den Seitentenflächen um 4 gleich große gleichschenklige Dreiecke. Damit können wir auch wie folgt vorgehen:

Der Mittelpunkt R der Punkte A und B bildet mit S die Höhe des Dreiecks:

$\overrightarrow{OR} = \overrightarrow{OA} + 1/2 \cdot \overrightarrow{AB}$ oder R$((a_1+b_1)/2\,|\,(a_2+b_2)/2\,|\,(a_3+b_3)/2)$ = R$((2-2)/2\,|\,(2+2)/2\,|\,(1+1)/2)$ = R$(0\,|\,2\,|\,1)$

Die Länge der Seitenhöhe h_s ergibt sich durch:

$$h_s = |\overrightarrow{RS}| = |\overrightarrow{OS} - \overrightarrow{OR}| = \left| \begin{pmatrix} 0 \\ 0 \\ 7 \end{pmatrix} - \begin{pmatrix} 0 \\ 2 \\ 1 \end{pmatrix} \right| = \left| \begin{pmatrix} 0 \\ -2 \\ 6 \end{pmatrix} \right| = \sqrt{0 + 4 + 36} = \sqrt{40}$$

$\overrightarrow{RS}$ hätte sich auch durch die Überlegung ergeben, dass wir von R aus 2 Einheiten in die negative x-Richtung gehen müssen (die Hälfte der Breite der Grundfläche) und danach 6 Einheiten nach oben, um zu S zu gelangen.

Die Grundkante ist s = $|\overrightarrow{AB}|$ = 4 Längeneinheiten lang, womit sich die Seitenfläche A ergibt, durch:

$$A = \frac{1}{2} \cdot s \cdot h_s = \frac{1}{2} \cdot 4 \cdot \sqrt{40} = 2 \cdot \sqrt{40} \approx 12{,}65 \text{ (FE)}$$

Die Pyramide hat 4 Seitenflächen und eine Grundfläche (mit G = 16 (FE) , siehe 3c)).

Damit ist die Oberfläche O = 4·A + G = $4 \cdot 2 \cdot \sqrt{40} + 16 \approx 66{,}6$ (FE) groß.

Formel zu Flächen und Körpern sind auch hier zu sehen: http://www.mathe-total.de/Mittelstufe-Aufgaben/Flaeche-und-Volumen.pdf . Damit ließe sich auch alles nur mit der Länge der Grundkante a und der Höhe h der Pyramide bestimmen.

4) Das Sonnensegel hat die Eckpunkte A(4|-5|2), B(7|-3|3) und C(6|-5|4):

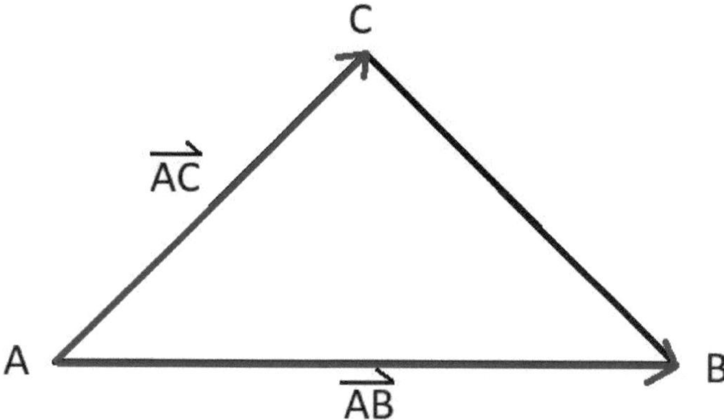

Wir gehen von einer Ecke aus, sagen wir A und berechnen die Vektoren, die von A aus auf die anderen Eckpunkte B und C zeigen:

$$\overrightarrow{AB} = \overrightarrow{OB} - \overrightarrow{OA} = \begin{pmatrix} 7 \\ -3 \\ 3 \end{pmatrix} - \begin{pmatrix} 4 \\ -5 \\ 2 \end{pmatrix} = \begin{pmatrix} 3 \\ 2 \\ 1 \end{pmatrix}$$

$$\overrightarrow{AC} = \overrightarrow{OC} - \overrightarrow{OA} = \begin{pmatrix} 6 \\ -5 \\ 4 \end{pmatrix} - \begin{pmatrix} 4 \\ -5 \\ 2 \end{pmatrix} = \begin{pmatrix} 2 \\ 0 \\ 2 \end{pmatrix}$$

Nun gilt

$$A = \frac{1}{2} \cdot \sqrt{\left|\overrightarrow{AB}\right|^2 \cdot \left|\overrightarrow{AC}\right|^2 - \left(\overrightarrow{AB} \cdot \overrightarrow{AC}\right)^2}$$

mit:

Die Länge eines Vektors $\vec{x}$ bzw. der Betrag eines Vektors $\vec{x}$ ist: $|\vec{x}| = \sqrt{x_1^2 + x_2^2 + x_3^2}$

Das Skalarprodukt zweier Vektoren $\vec{x}$ und $\vec{y}$ (in $\mathbb{R}^3$) ist definiert durch: $\vec{x} \cdot \vec{y} = x_1 y_1 + x_2 y_2 + x_3 y_3$

Siehe auch http://www.mathe-total.de/LA-Skript/AG-Grundlagen.pdf .

Wir erhalten damit:

$$\left|\overrightarrow{AB}\right| = \sqrt{9 + 4 + 1} = \sqrt{14}, \left|\overrightarrow{AC}\right| = \sqrt{4 + 0 + 4} = \sqrt{8} \text{ und } \overrightarrow{AB} \cdot \overrightarrow{AC} = 3 \cdot 2 + 2 \cdot 0 + 1 \cdot 2 = 8$$

$$A = \frac{1}{2} \cdot \sqrt{14 \cdot 8 - 8^2} = \frac{1}{2} \cdot \sqrt{48} \approx 3{,}46 \ (m^2)$$

Bemerkungen zur Aufgabe 4) und zu Dreiecksflächen:

1) $A_P = \sqrt{\left|\overrightarrow{AB}\right|^2 \cdot \left|\overrightarrow{AC}\right|^2 - \left(\overrightarrow{AB} \cdot \overrightarrow{AC}\right)^2}$ ist die Fläche des von den Vektoren $\overrightarrow{AB}$ und $\overrightarrow{AC}$ aufgespannten Parallelogramms. Die Dreiecksfläche A ist die Hälfte davon: $A = 1/2 \cdot A_P$

2) Die Fläche von A_P ergibt sich auch durch den Betrag des Vektorproduktes aus $\overrightarrow{AB}$ und $\overrightarrow{AC}$:

$A_P = \left|\overrightarrow{AB} \times \overrightarrow{AC}\right|$

Nennen wir kurz $\vec{c} = \overrightarrow{AB}$ und $\vec{b} = \overrightarrow{AC}$ in Anlehnung an die Seitenbezeichnung in Dreiecken, dann ergibt sich das Vektorprodukt durch:

$$\overrightarrow{AB} \times \overrightarrow{AC} = \vec{c} \times \vec{b} = \begin{pmatrix} c_1 \\ c_2 \\ c_3 \end{pmatrix} \times \begin{pmatrix} b_1 \\ b_2 \\ b_3 \end{pmatrix} = \begin{pmatrix} c_2 \cdot b_3 - c_3 \cdot b_2 \\ c_3 \cdot b_1 - c_1 \cdot b_3 \\ c_1 \cdot b_2 - c_2 \cdot b_1 \end{pmatrix}$$

In der Aufgabe 4) gilt:

$$\overrightarrow{AB} \times \overrightarrow{AC} = \begin{pmatrix} 3 \\ 2 \\ 1 \end{pmatrix} \times \begin{pmatrix} 2 \\ 0 \\ 2 \end{pmatrix} = \begin{pmatrix} 4 - 0 \\ 2 - 6 \\ 0 - 4 \end{pmatrix} = \begin{pmatrix} 4 \\ -4 \\ -4 \end{pmatrix}$$

Damit ergibt für die Dreiecksfläche (als Hälfte der Parallelogrammfläche) auch durch:

$$A = \frac{1}{2} \cdot \left| \overrightarrow{AB} \times \overrightarrow{AC} \right| = \frac{1}{2} \cdot \sqrt{16 + 16 + 16} = \frac{1}{2} \cdot \sqrt{48}$$

3) Den Winkel α (in der Ecke A) des Dreiecks ergibt sich durch (siehe auch http://www.mathe-total.de/LA-Skript/AG-Grundlagen.pdf):

$$\cos(\alpha) = \frac{\overrightarrow{AB} \cdot \overrightarrow{AC}}{\left| \overrightarrow{AB} \right| \cdot \left| \overrightarrow{AC} \right|}$$

In Aufgabe 4) ist $\alpha \approx 40{,}89°$.

Damit ergibt sich nach der Berechnung des Winkels α die Höhe h_c durch:

$$h_c = \left| \overrightarrow{AC} \right| \cdot \sin(\alpha)$$

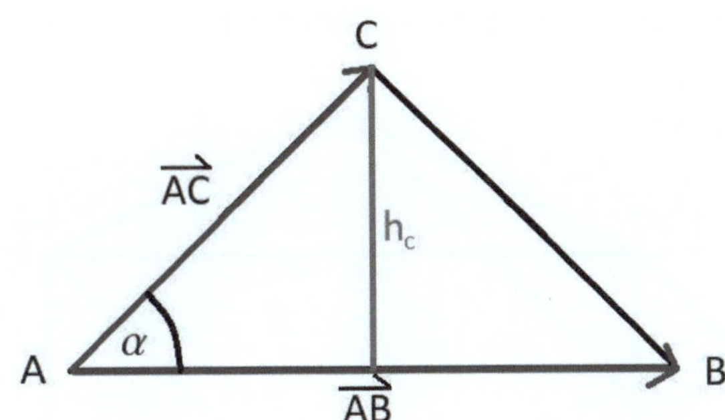

Mit $A = \frac{1}{2} \cdot \left| \overrightarrow{AB} \right| \cdot h_c$ würde sich damit auch die Fläche des Dreiecks ergeben ($A = \frac{1}{2} \cdot |\vec{c}| \cdot h_c$).

Aufgaben zur Bestimmung von Punkten und Abständen

1) Die unten dargestellt Pyramide hat eine rechteckige Grundfläche (eine Einheit entspricht einem Meter), die in der x-y-Ebene liegt. Sie ist 5m hoch und die Spitze S liegt über der Mitte der Grundfläche ABCD. Sie hat einen 1,5m tiefen Keller und der Kellerboden entspricht dem Rechteck EFGH. a) Wie lauten die Koordinaten der unten eingezeichneten Punkte (A bis H und S)? b) Wie lange ist die Seitenkante von A nach S? c) Wie groß ist die Fläche der Dreiecksseite ABS?

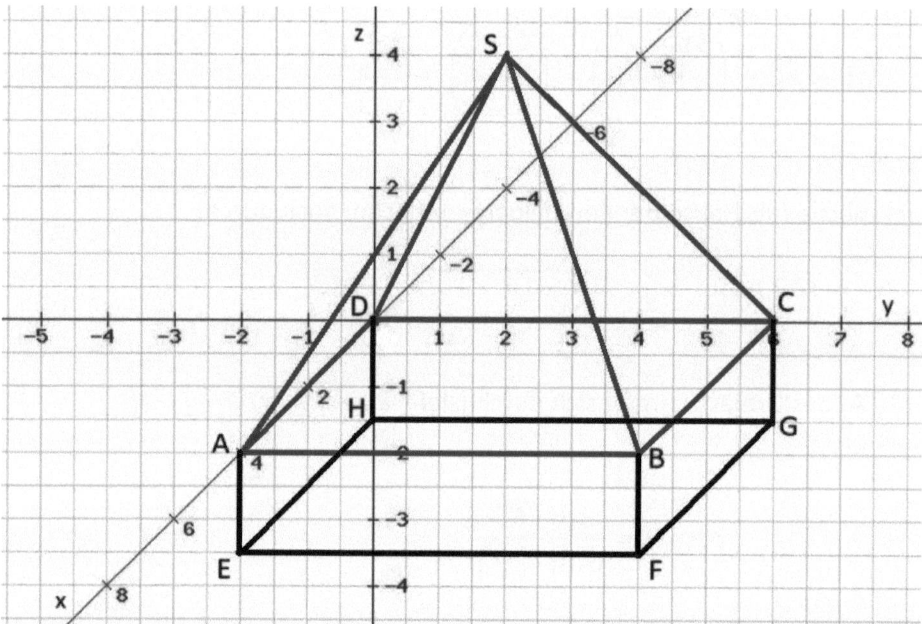

2) Im unten zu sehenden Koordinatensystem wird ein Haus dargestellt (eine Einheit entspricht einem Meter). Es werden die Punkte E, F, G, H, I und J des Daches gesucht, sowie die Länge des Dachsparrens, der die Punkte F und I verbindet. Die Dachspitze I liegt 1,5m über dem Dachboden, der durch das Viereck EFGH festgelegt ist. Der Boden das Hauses ABCD liegt in der x-y-Ebene und der Eckpunkt A wurde im Koordinatenursprung aus Gründen der Übersichtlichkeit nicht eingezeichnet.

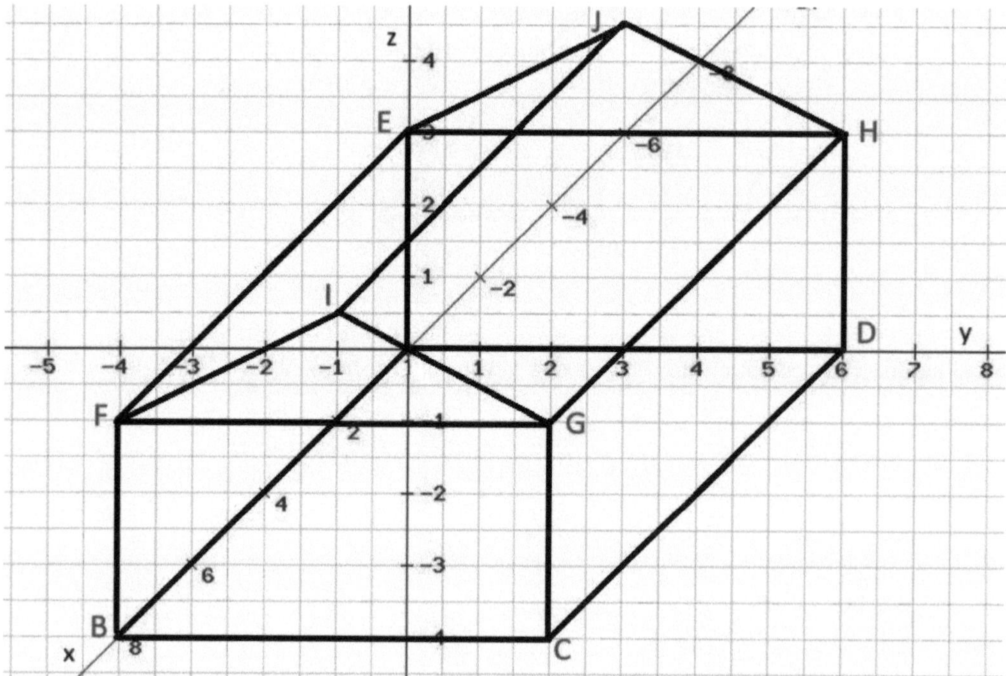

Lösung

1) a) Der Punkt D(0|0|0) liegt im Ursprung und die weiteren Eckpunkte der Grundfläche sind A(4|0|0), B(4|6|0) und C(0|6|0). H liegt 1,5m unter D. Damit ist H(0|0|-1,5) und analog erhalten wir die anderen Eckpunkte des Kellers: E(4|0|-1,4), F(4|6|-1,5) und G(0|6|-1,5).

Die Spitze S liegt 5m über dem Mittelpunkt M der Bodenfläche, der auch der Mittelpunkt von D und B ist: M((d_1+b_1)/2|(d_2+b_2)/2|(d_3+b_3)/2) = M((0+4)/2|(0+6)/2|(0+0)/2) = M(2|3|0)

Damit erhalten wir den Punkt S, der sich 5m über M befindet: S(2|3|5)

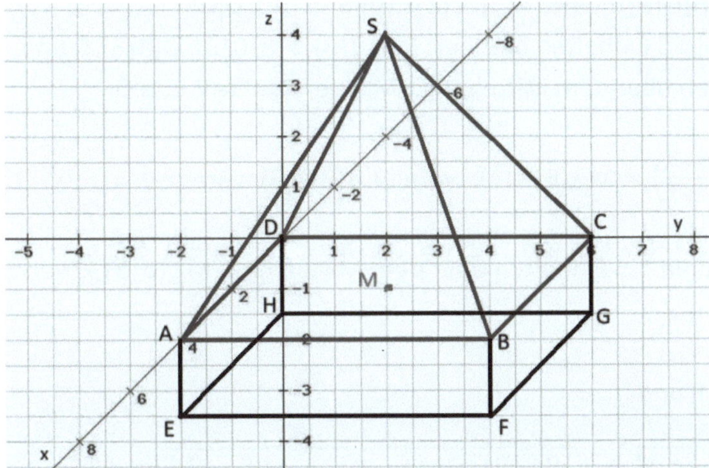

b) Wir berechnen die Länge der Seitenkante als Abstand von A und S bzw. Länge von $\overrightarrow{AS}$:

$$\overrightarrow{AS} = \overrightarrow{OS} - \overrightarrow{OA} = \begin{pmatrix} 2 \\ 3 \\ 5 \end{pmatrix} - \begin{pmatrix} 4 \\ 0 \\ 0 \end{pmatrix} = \begin{pmatrix} -2 \\ 3 \\ 5 \end{pmatrix}$$

$$\left|\overrightarrow{AS}\right| = \sqrt{(-2)^2 + 3^2 + 5^2} = \sqrt{38} \approx 6{,}16 \text{ also ca. 6,16m.}$$

$$\text{Es gilt: } \left|\overrightarrow{AS}\right| = \sqrt{(s_1 - a_1)^2 + (s_2 - a_2)^2 + (s_3 - a_3)^2}$$

c) Die Fläche A_D des Dreiecks kann schnell mit Kreuzprodukt bestimmt werden, wenn dieses schon behandelt wurde: $A_D = 1/2 \cdot \left|\overrightarrow{AS} \times \overrightarrow{AB}\right|$. So wird das Kreuzprodukt berechnet:

$$\vec{a} \times \vec{b} = \begin{pmatrix} a_1 \\ a_2 \\ a_3 \end{pmatrix} \times \begin{pmatrix} b_1 \\ b_2 \\ b_3 \end{pmatrix} = \begin{pmatrix} a_2 b_3 - a_3 b_2 \\ a_3 b_1 - a_1 b_3 \\ a_1 b_2 - a_2 b_1 \end{pmatrix}$$

Es folgt eine andere Möglichkeit zur Berechnung der Dreiecksfläche:

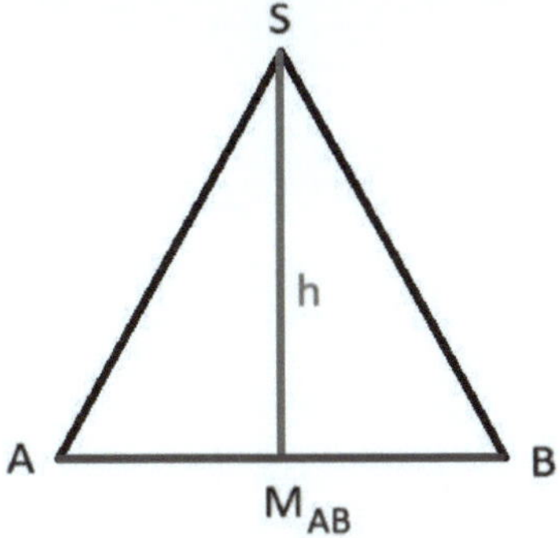

Wir berechnen die Höhe h der Dreieckseite über den Abstand des Mittelpunktes $M_{AB}(4|3|0)$ (der Punkte A und B) zum Punkt S berechnen, wobei die Grundseite dann die Strecke von A nach B ist (Berechnung ohne Einheiten): $h = |\overrightarrow{M_{AB}S}| = \sqrt{(2-4)^2 + (3-3)^2 + (5-0)^2} = \sqrt{29}$

Der Länge der Grundseite (Abstand A und B) beträgt 6 (= g), womit wir die Fläche A_D erhalten:

$$A_D = \frac{1}{2} \cdot g \cdot h = \frac{1}{2} \cdot 6 \cdot \sqrt{29} \approx 16{,}16 \text{ womit Seitenfläche ABS ca. } 16{,}16m^2 \text{ beträgt.}$$

2) Wir lesen die Eckpunkte des Bodens ab: A(0|0|0), B(8|0|0), C(8|6|0) und D(0|6|0)
Die Eckpunkte des Dachbodens liegen jeweils 3 Einheiten darüber: E(0|0|3), F(8|0|3), G(8|6|3) und H(0|6|3). Die Dachspitze I liegt 1,5 Einheiten über dem Mittelpunkt M_{FG} der Punkte F und G:

$$M_{FG}\left(\frac{f_1+g_1}{2} \middle| \frac{f_2+g_2}{2} \middle| \frac{f_3+g_3}{2}\right) = M_{FG}\left(\frac{8+8}{2} \middle| \frac{0+6}{2} \middle| \frac{3+3}{2}\right) = M_{FG}(8|3|3), \text{ womit I(8|3|4,5) wäre.}$$

Analog erhalten wir J(0|3|4,5), da dieser Punkt 1,5 Einheiten über dem Mittelpunkt $M_{EH}(0|3|3)$ der Punkte E und H liegt.

Nun berechnen wir noch den Abstand von F und I:

$$|\overrightarrow{FI}| = \sqrt{(i_1-f_1)^2 + (i_2-f_2)^2 + (i_3-f_3)^2} = \sqrt{(8-8)^2 + (3-0)^2 + (4,5-3)^2} \approx 3{,}35$$

Also beträgt die Länge ca. 3,35m.

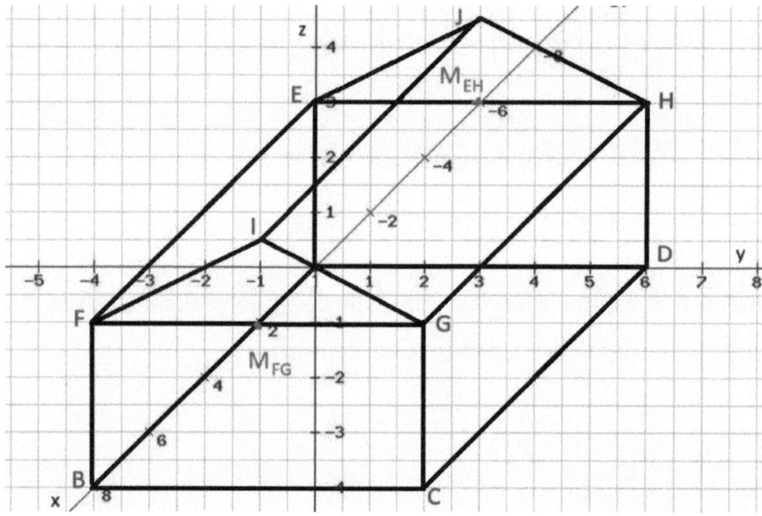

Verschiedene Aufgaben zu Geraden

Punktprobe

Aufgabe 1:
Es soll geprüft werden, ob der Punkt P(1; -2; 4) auf der Geraden

$$g: \vec{x} = \begin{pmatrix} 2 \\ 1 \\ -2 \end{pmatrix} + t \cdot \begin{pmatrix} -1 \\ -3 \\ 1 \end{pmatrix}$$

liegt.

Lösung:
Wir setzten den Ortsvektor von P für $\vec{x}$ ein:

$$\begin{pmatrix} 1 \\ -2 \\ 4 \end{pmatrix} = \begin{pmatrix} 2 \\ 1 \\ -2 \end{pmatrix} + t \cdot \begin{pmatrix} -1 \\ -3 \\ 1 \end{pmatrix}$$

Es ergeben sich drei Gleichungen:

$$1 = 2 - t$$
$$-2 = 1 - 3t$$
$$4 = -2 + t$$

Die erste Gleichung ergibt t = 1, die zweite t = 1 und die dritte t = 6. Somit liegt der Punkt P nicht auf der Geraden g (es muss sich bei jeder Gleichung derselbe Wert für t ergeben).

Lagebeziehung zwischen Geraden und Schnittpunkt bestimmen

Aufgabe 2:
Wie ist die Lagebeziehung zwischen den beiden Geraden

$$g: \vec{x} = \begin{pmatrix} 1 \\ 2 \\ 1 \end{pmatrix} + t \cdot \begin{pmatrix} 3 \\ 1 \\ 1 \end{pmatrix} \quad \text{und } h: \vec{x} = \begin{pmatrix} -5 \\ 0 \\ -1 \end{pmatrix} + s \cdot \begin{pmatrix} 6 \\ 2 \\ 2 \end{pmatrix} ?$$

Lösung:
Zunächst sieht man auf die beiden Richtungsvektoren. Hier ist zu erkennen, dass diese Vielfache voneinander sind:

$$2 \cdot \begin{pmatrix} 3 \\ 1 \\ 1 \end{pmatrix} = \begin{pmatrix} 6 \\ 2 \\ 2 \end{pmatrix}$$

Somit sind die beiden Geraden parallel oder sogar identisch. Nun prüfen wir, ob diese auch identisch sind. Wenn diese identisch sind, dann müssen alle Punkte, die auf der einen Geraden liegen, auch auf der anderen liegen. Wir prüfen nun, ob der Stützvektor der Geraden h ein Ortsvektor eines Punktes von g ist:

$$\begin{pmatrix} -5 \\ 0 \\ -1 \end{pmatrix} = \begin{pmatrix} 1 \\ 2 \\ 1 \end{pmatrix} + t \cdot \begin{pmatrix} 3 \\ 1 \\ 1 \end{pmatrix}$$

Es ergibt sich, in Analogie zur Punktprobe, t = -2. Somit sind die beiden Geraden identisch.

Aufgabe 3:
Wie ist die Lagebeziehung zwischen den beiden Geraden

$$g: \bar{x} = \begin{pmatrix} 0 \\ 1 \\ 1 \end{pmatrix} + t \cdot \begin{pmatrix} 1 \\ 2 \\ 1 \end{pmatrix} \quad \text{und h:} \ \bar{x} = \begin{pmatrix} 1 \\ 6 \\ 1 \end{pmatrix} + s \cdot \begin{pmatrix} 1 \\ -1 \\ 2 \end{pmatrix} \ ?$$

Lösung:
Die Richtungsvektoren sind keine Vielfachen, womit die beiden Geraden weder parallel noch identisch sein können. Wir setzen beide Gleichungen gleich, womit sich 3 Gleichungen für zwei Unbekannte ergeben:

$$\begin{aligned} (1) \qquad t &= 1 + s \\ (2) \qquad 1 + 2t &= 6 - s \\ (3) \qquad 1 + t &= 1 + 2s \end{aligned}$$

Nun kann man zwei Gleichungen auswählen, diese nach s und t auflösen und dann prüfen, ob auch die nicht ausgewählte Gleichung erfüllt ist. Wir wählen die Gleichungen (1) und (2) aus und addieren diese, um s zu eliminieren:

$$1 + 3t = 7$$

Somit ist t = 2. Eingesetzt in (1) ergibt sich s = 1. Nun überprüfen wir, ob die dritte Gleichung, die wir bisher nicht verwendet haben, erfüllt ist:

$$1 + 2 = 1 + 2$$

Diese ist somit erfüllt, womit sich die beiden Geraden schneiden. Wenn der Schnittpunkt zu bestimmen ist, dann kann man t = 2 in die Gleichung für g oder s = 1 in die Gleichung für h einsetzen (was wir nun tun) und man erhält

$$\overrightarrow{OS} = \begin{pmatrix} 1 \\ 6 \\ 1 \end{pmatrix} + 1 \cdot \begin{pmatrix} 1 \\ -1 \\ 2 \end{pmatrix} = \begin{pmatrix} 2 \\ 5 \\ 3 \end{pmatrix}, \text{ womit S(2; 5; 3) der Schnittpunkt ist.}$$

Abstand Punkt zu Geraden

Aufgabe 4:

Gesucht ist der Abstand des Punktes P(6; 3) von der Geraden

$$g:\ \vec{x} = \begin{pmatrix} 0 \\ 1 \end{pmatrix} + t \cdot \begin{pmatrix} 1 \\ 2 \end{pmatrix}.$$

Lösung:

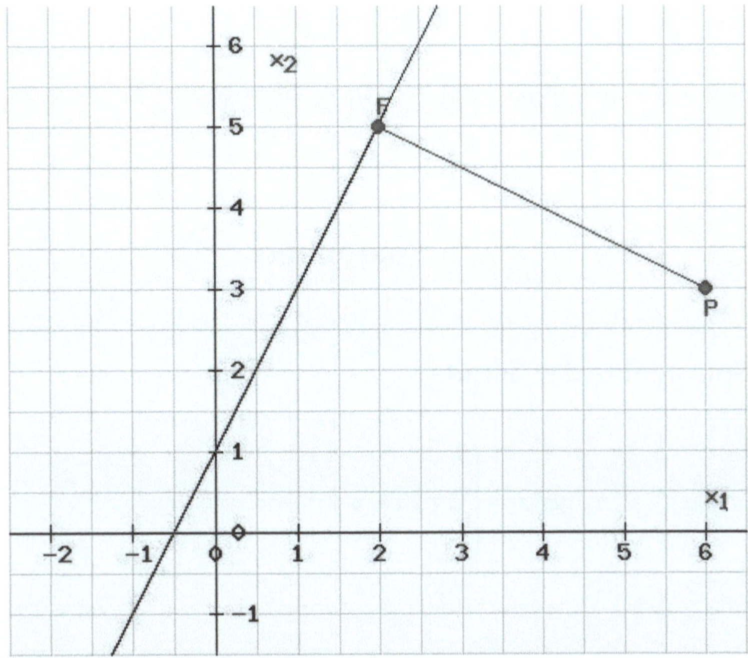

In der Skizze oben sehen wir, dass in der reellen Ebene $\mathbb{R}^2$ der Abstand besser gesehen werden kann, wobei die Rechnung im Raum mit 3 Komponenten (also im $\mathbb{R}^3$) analog läuft.

Mit

$$\left[\begin{pmatrix} 0 \\ 1 \end{pmatrix} + t \cdot \begin{pmatrix} 1 \\ 2 \end{pmatrix} - \begin{pmatrix} 6 \\ 3 \end{pmatrix} \right] \cdot \begin{pmatrix} 1 \\ 2 \end{pmatrix} = 0 \ \text{bzw.} \ \left[\begin{pmatrix} -6 \\ -2 \end{pmatrix} + t \cdot \begin{pmatrix} 1 \\ 2 \end{pmatrix} \right] \cdot \begin{pmatrix} 1 \\ 2 \end{pmatrix} = 0$$

erhalten wir

$$-6 + (-2)\cdot 2 + t + 2t\cdot 2 = 0 \ \text{bzw.} \ -10 + 5t = 0$$

und somit ist t = 2. Eingesetzt in die Gleichung von g ergibt

$$OF = \begin{pmatrix} 0 \\ 1 \end{pmatrix} + 2 \cdot \begin{pmatrix} 1 \\ 2 \end{pmatrix} = \begin{pmatrix} 2 \\ 5 \end{pmatrix} \ \text{bzw. F(2; 5).}$$

Nun bestimmen wir den Vektor von P zu F:

$$\overrightarrow{PF} = \begin{pmatrix} 2 \\ 5 \end{pmatrix} - \begin{pmatrix} 6 \\ 3 \end{pmatrix} = \begin{pmatrix} -4 \\ 2 \end{pmatrix}$$

Somit ist der Abstand $\left|\overrightarrow{PF}\right| = \sqrt{(-4)^2 + 2^2} = \sqrt{20}$.

Mit $\overrightarrow{PF}$ könnte man auch den Punkt P an der Gerade g spiegeln. Der gespiegelte Punkt P' ergibt sich über:

$$\overrightarrow{OP'} = \overrightarrow{OP} + 2 \cdot \overrightarrow{PF} = \overrightarrow{OF} + \overrightarrow{PF}$$

Spurpunkte

Aufgabe 5:
Bestimme die Spurpunkte der Gerade

$$g:\ \vec{x} = \begin{pmatrix} 1 \\ 2 \\ 1 \end{pmatrix} + t \cdot \begin{pmatrix} -1 \\ 1 \\ 1 \end{pmatrix}$$

Lösung:
Der Schnittpunkt von g mit der x-y-Ebene ergibt sich, wenn man z = 0 setzt, also wenn

$$0 = 1 + t$$

ist, womit t = -1 ist. Also ergibt sich der Ortsvektor des ersten Spurpunktes S_{xy}:

$$\overrightarrow{OS_{xy}} = \begin{pmatrix} 1 \\ 2 \\ 1 \end{pmatrix} - 1 \cdot \begin{pmatrix} -1 \\ 1 \\ 1 \end{pmatrix} = \begin{pmatrix} 2 \\ 1 \\ 0 \end{pmatrix}, \text{ womit } S_{xy}(2;\ 1;\ 0) \text{ ist.}$$

Analog erhält man die anderen beiden Spurpunkte. Setzt man y = 0, so erhält man den Schnittpunkt mit der x-z-Ebene $S_{xz}(3;\ 0;\ -1)$ und setzt man x = 0, so erhält man den Schnittpunkt mit der y-z-Ebene $S_{yz}(0;\ 3;\ 2)$.

Aufgaben zu Geraden

1) Gesucht wird eine Gleichung in Parameterform der Geraden g durch die Punkte
a) A(2; 2; 4) nach B(5; 8; 3).
b) A(5; -2; 3) und B(4; -3; 5).
c) A(8; 3; -4) und B(8; 3; 5).
d) A(-2; 0; 6) und B(3; 5; 6).
e) Welche spezielle Lage haben die Geraden aus c) und d)?
f) Gebe zwei weitere Punkte der Gerade aus a) an.

2) a) Liegt der Punkt P(4; 6; 2) auf der Geraden g: $\vec{x} = \begin{pmatrix} -2 \\ 2 \\ 4 \end{pmatrix} + t \cdot \begin{pmatrix} 3 \\ 2 \\ -1 \end{pmatrix}$?

b) Liegt der Punkt P(-2; 4; 1) auf der Geraden g: $\vec{x} = \begin{pmatrix} 3 \\ 2 \\ 5 \end{pmatrix} + t \cdot \begin{pmatrix} 1 \\ 2 \\ -4 \end{pmatrix}$?

c) Liegt der Punkt P(0; 2,5; 3) auf der Strecke zwischen A(4; 3; 2) und B(-4; 2; 4)?
d) Liegen die drei Punkte A(5;-2;1), B(7;0;2) und C(1;6;-1) auf einer Geraden?

3) Wo trifft die Gerade mit der Gleichung g: $\vec{x} = \begin{pmatrix} -2 \\ 4 \\ 2 \end{pmatrix} + t \cdot \begin{pmatrix} 1 \\ 4 \\ -2 \end{pmatrix}$ auf

a) die x-y-Ebene?
b) die y-z-Ebene?

4) Es wird ein Schacht in einem Bergwerk vom Punkt P(400;-200;-300) in Richtung des Punkts Q(200;400;-200) gebohrt (alle Angaben in m). Dieser Schacht soll danach bis zu eine Tiefe von 100m (z = -100) weiter in gerader Richtung fortgeführt werden.

a) In welchem Punkt R ist dieser Schacht in einer Tiefe von 100m zu Ende?

b) Am Ende des Schachtes soll senkrecht nach oben gebohrt werden. Wie lautet die Gleichung der Geraden, auf der dieser Schacht liegt und wo befindet sich der Punkt S an der Erdoberfläche (z = 0)?

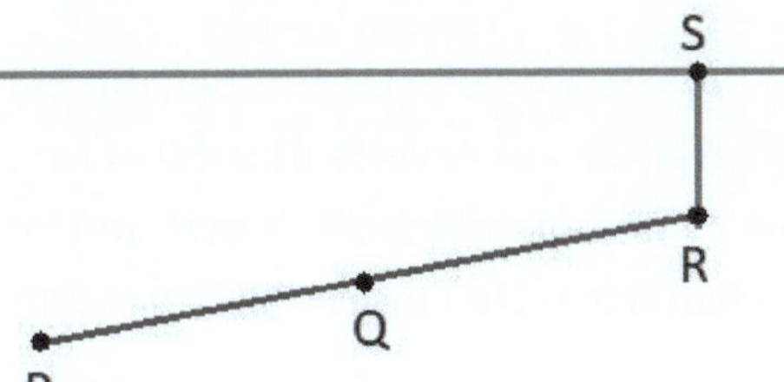

5) Die Lichtquelle L(0; 0; 20) ist in die Richtung $\vec{v} = \begin{pmatrix} -2 \\ 1 \\ -2 \end{pmatrix}$ ausgerichtet.

a) Wo trifft der Lichtstrahl auf den Boden (x-y-Ebene)?
b) Der Lichtstrahl wird am Boden reflektiert. Es soll eine Gleichung der Gerade bestimmt werden, auf der der Weg des reflektierten Lichtstrahls liegt.

Lösungen:

1) Gesucht wird eine Gleichung in Parameterform der Geraden g durch die Punkte
a) A(2; 2; 4) nach B(5; 8; 3):

$g: \vec{x} = \overrightarrow{OA} + r \cdot \overrightarrow{AB}$ mit $\overrightarrow{AB} = \overrightarrow{OB} - \overrightarrow{OA}$. Wir haben r für den Parameter gewählt. Natürlich ist auch jeder andere Buchstabe möglich (beispielsweise s oder t).

$$g: \vec{x} = \begin{pmatrix} 2 \\ 2 \\ 4 \end{pmatrix} + r \cdot \begin{pmatrix} 5-2 \\ 8-2 \\ 3-4 \end{pmatrix}$$

$$g: \vec{x} = \begin{pmatrix} 2 \\ 2 \\ 4 \end{pmatrix} + r \cdot \begin{pmatrix} 3 \\ 6 \\ -1 \end{pmatrix}$$

b) A(5; -2; 3) und B(4; -3; 5):

$$g: \vec{x} = \begin{pmatrix} 5 \\ -2 \\ 3 \end{pmatrix} + r \cdot \begin{pmatrix} 4 & -5 \\ -3-(-2) \\ 5 & -3 \end{pmatrix} = \begin{pmatrix} 5 \\ -2 \\ 3 \end{pmatrix} + r \cdot \begin{pmatrix} -1 \\ -1 \\ 2 \end{pmatrix}$$

c) A(8; 3; -4) und B(8; 3; 5):

$$g: \vec{x} = \begin{pmatrix} 8 \\ 3 \\ -4 \end{pmatrix} + r \cdot \begin{pmatrix} 8 & -8 \\ 3 & -3 \\ 5-(-4) \end{pmatrix} = \begin{pmatrix} 8 \\ 3 \\ -4 \end{pmatrix} + r \cdot \begin{pmatrix} 0 \\ 0 \\ 9 \end{pmatrix}$$

d) A(-2; 0; 6) und B(3; 5; 6):

$$g: \vec{x} = \begin{pmatrix} -2 \\ 0 \\ 6 \end{pmatrix} + r \cdot \begin{pmatrix} 3-(-2) \\ 5 & -0 \\ 6 & -6 \end{pmatrix} = \begin{pmatrix} -2 \\ 0 \\ 6 \end{pmatrix} + r \cdot \begin{pmatrix} 5 \\ 5 \\ 0 \end{pmatrix}$$

e) Welche spezielle Lage haben die Geraden aus c) und d)?
Die Gerade aus c) verläuft parallel zur z-Achse und die Gerade aus d) parallel zur x-y-Ebene (da sich die z-Komponente nicht ändert und immer gleich 6 ist). Deren Projektion in die x-y-Ebene entspricht zudem der ersten Winkelhalbierenden.

f) Gebe zwei weitere Punkte der Gerade aus a) an: Wir müssen nur für r Werte einsetzen (für r = 0 würden wir A und für r = 1 den Punkt B erhalten bzw. zunächst deren Ortsvektoren, was auch als Probe genutzt werden kann). Wir setzen z.B. r = 2 und r = -1 ein, womit wir die Ortsvektoren der Punkte P und Q erhalten:

$$\overrightarrow{OP} = \begin{pmatrix} 2 \\ 2 \\ 4 \end{pmatrix} + 2 \cdot \begin{pmatrix} 3 \\ 6 \\ -1 \end{pmatrix} = \begin{pmatrix} 8 \\ 14 \\ 2 \end{pmatrix} \Rightarrow P(8; 14; 2)$$

$$\overrightarrow{OQ} = \begin{pmatrix} 2 \\ 2 \\ 4 \end{pmatrix} - 1 \cdot \begin{pmatrix} 3 \\ 6 \\ -1 \end{pmatrix} = \begin{pmatrix} -1 \\ -4 \\ 5 \end{pmatrix} \Rightarrow Q(-1; -4; 5)$$

2) a) Wir setzten $\overrightarrow{OP}$ für $\vec{x}$ ein:
$$\begin{pmatrix} 4 \\ 6 \\ 2 \end{pmatrix} = \begin{pmatrix} -2 \\ 2 \\ 4 \end{pmatrix} + t \cdot \begin{pmatrix} 3 \\ 2 \\ -1 \end{pmatrix} \Leftrightarrow \begin{cases} 4 = -2 + 3t & (1) \\ 6 = 2 + 2t & (2) \\ 2 = 4 - t & (3) \end{cases}$$

Wenn P auf g liegt, müssen alle drei Gleichungen dieselbe Lösung haben, denn nur dann existiert ein t, so dass sich der Ortsvektor $\overrightarrow{OP}$ des Punktes P beim Einsetzen in die Geradengleichung ergibt.

Erste Gleichung: $4 = -2 + 3t \quad | +2$

$\qquad\qquad\qquad 6 = 3t \qquad | :3$

$\qquad\qquad\qquad t = 2$

Nun können wir die anderen zwei Gleichungen analog nach t auflösen oder setzen t = 2 in jede der Gleichungen ein und prüfen, ob diese erfüllt sind: t = 2 in (2) einsetzen: 6 = 2 + 2· 2 ergibt 6 = 6, womit t = 2 auch eine Lösung der Gleichung (2) ist. t = 2 in (3) einsetzen: 2 = 4 − 2 ergibt 2 = 2 Damit ist t = 2 die Lösung aller drei Gleichungen und P liegt auf der Geraden g.

b) $\begin{pmatrix} -2 \\ 4 \\ 1 \end{pmatrix} = \begin{pmatrix} 3 \\ 2 \\ 5 \end{pmatrix} + t \cdot \begin{pmatrix} 1 \\ 2 \\ -4 \end{pmatrix} \Leftrightarrow \begin{cases} -2 = 3 + t & (1) \\ 4 = 2 + 2t & (2) \\ 1 = 5 - 4t & (3) \end{cases}$

(1) ergibt -5 = t bzw. t = -5. (2) hat aber eine andere Lösung, nämlich t = 1. Damit liegt P nicht auf g.

c) Liegt der Punkt P(0; 2,5; 3) auf der Strecke zwischen A(4; 3; 2) und B(-4; 2; 4)?

Wir bestimmen zunächst die Gleichung der Geraden durch A und B:

$$g: \vec{x} = \overrightarrow{OA} + r \cdot \overrightarrow{AB} \quad \text{mit} \quad \overrightarrow{AB} = \overrightarrow{OB} - \overrightarrow{OA}.$$

$$g: \vec{x} = \begin{pmatrix} 4 \\ 3 \\ 2 \end{pmatrix} + r \cdot \begin{pmatrix} -4 - 4 \\ 2 - 3 \\ 4 - 2 \end{pmatrix} = \begin{pmatrix} 4 \\ 3 \\ 2 \end{pmatrix} + r \cdot \begin{pmatrix} -8 \\ -1 \\ 2 \end{pmatrix}$$

Wir setzen $\overrightarrow{OP}$ für $\vec{x}$ ein: $\begin{pmatrix} 0 \\ 2,5 \\ 3 \end{pmatrix} = \begin{pmatrix} 4 \\ 3 \\ 2 \end{pmatrix} + r \cdot \begin{pmatrix} -8 \\ -1 \\ 2 \end{pmatrix} \Leftrightarrow \begin{cases} 0 = 4 - 8t & (1) \\ 2,5 = 3 - t & (2) \\ 3 = 2 + 2t & (3) \end{cases}$

Aus der Gleichung (1) ergibt sich -4 = -8t und somit ist t = 1/2 = 0,5. t = 1/2 ist auch Lösung von (2) und (3), womit erst einmal der Punkt P auf der Geraden g liegt. Damit P auf der Strecke zwischen A und B liegt, muss t zwischen 0 und 1 liegen (0 < t < 1). Dies ist der Fall. Somit liegt P auch auf der Strecke zwischen A und B und ist sogar der Mittelpunkt zwischen A und B, da t = 1/2 ist. Für $0 \leq t \leq 1$ wären die Randpunkte A und B mit eingeschlossen.

d) Liegen die drei Punkte A(5;-2;1), B(7;0;2) und C(1;-6;-1) auf einer Geraden? Wir bestimmen die Gleichung der Geraden g durch die Punkte A und B und machen dann die Punktprobe mit C, d.h. wir prüfen dann, ob C auf der Geraden durch A und B liegt. Dann würden alle drei Punkte auf einer Geraden (und zwar g) liegen:

$$g: \vec{x} = \overrightarrow{0A} + r \cdot \overrightarrow{AB} = \begin{pmatrix} 5 \\ -2 \\ 1 \end{pmatrix} + r \cdot \begin{pmatrix} 7 - 5 \\ 0 + 2 \\ 2 - 1 \end{pmatrix} = \begin{pmatrix} 5 \\ -2 \\ 1 \end{pmatrix} + r \cdot \begin{pmatrix} 2 \\ 2 \\ 1 \end{pmatrix}$$

Wir setzen $\overrightarrow{0C}$ für $\vec{x}$ ein:
$$\begin{pmatrix} 1 \\ 6 \\ -1 \end{pmatrix} == \begin{pmatrix} 5 \\ -2 \\ 1 \end{pmatrix} + r \cdot \begin{pmatrix} 2 \\ 2 \\ 1 \end{pmatrix} \Leftrightarrow \begin{cases} 1 = 5 + 2t & (1) \\ 6 = -2 + 2t & (2) \\ -1 = 1 + t & (3) \end{cases}$$

Aus der Gleichung (1) ergibt sich -4 = 2t und somit ist t = 2. t = 2 ist aber keine Lösung von (2), was auf den ersten Blick zu sehen ist, denn 6 = -2 + 2· 2 ergibt 6 = 2, also ein Widerspruch (oder wir lösen (2) nach t auf, was t = 4 ergibt, also eine andere Lösung als bei (1)). Damit liegen die drei Punkte nicht auf einer Geraden.

3) Wo trifft die Gerade mit der Gleichung $g: \vec{x} = \begin{pmatrix} -2 \\ 4 \\ 2 \end{pmatrix} + t \cdot \begin{pmatrix} 1 \\ 4 \\ -2 \end{pmatrix}$ auf

a) die x-y-Ebene?

Was wir hier berechnen ist einer der drei Spurpunkte (Spurpunkte sind die Schnittpunkte der Geraden mit den Koordinatenebenen). Für die x-y- Ebene gilt, dass z = 0 ist. Also setzen wir die z-Komponente der Geradengleichung gleich 0:

$$2 - 2t = 0$$

Es ergibt sich t = 1. Dies setzen wir in g ein und erhalten einen der drei Spurpunkte und hier den Schnittpunkt von g mit der x-y-Ebene S_{xy}:

$$\overrightarrow{0S_{xy}} = \begin{pmatrix} -2 \\ 4 \\ 2 \end{pmatrix} + 1 \cdot \begin{pmatrix} 1 \\ 4 \\ -2 \end{pmatrix} = \begin{pmatrix} -1 \\ 8 \\ 0 \end{pmatrix} \Rightarrow S_{xy}(-1; 8; 0)$$

b) Zum Schnittpunkt mit y-z-Ebene: Wir setzen x = 0: -2 + t = 0 ergibt t = 2. In g eingesetzt ergibt sich:

$$\overrightarrow{0S_{yz}} = \begin{pmatrix} -2 \\ 4 \\ 2 \end{pmatrix} + 2 \cdot \begin{pmatrix} 1 \\ 4 \\ -2 \end{pmatrix} = \begin{pmatrix} 0 \\ 12 \\ -2 \end{pmatrix} \Rightarrow S_{yz}(0; 12; -2)$$

Für den letzten Spurpunkt, der nicht gesucht wird, müssten wir y = 0 setzten, womit wir S_{xz} bestimmen könnten, den Schnittpunkt mit der x-z-Ebene.

Es gibt auch Geraden, die keinen Schnittpunkt mit z.B. der x-y-Ebene haben, wie

$$h: \vec{x} = \begin{pmatrix} -2 \\ 4 \\ 2 \end{pmatrix} + t \cdot \begin{pmatrix} 1 \\ 2 \\ 0 \end{pmatrix}$$

oder Geraden, die komplett in der x-y-Ebene verlaufen, wie z.B.:

$$k: \vec{x} = \begin{pmatrix} -2 \\ 4 \\ 0 \end{pmatrix} + t \cdot \begin{pmatrix} 1 \\ 2 \\ 0 \end{pmatrix}$$

4) Es wird ein Schacht in einem Bergwerk vom Punkt P(400;-200;-300) in Richtung des Punkts Q(200;400;-200) gebohrt (alle Angaben in m). Dieser Schacht wird bis zu einer Tiefe von 100m (z = -100) weiter in gerader Richtung fortgeführt.

a) In welchem Punkt R ist dieser Schacht in einer Tiefe von 100m zu Ende?

b) Am Ende des Schachtes soll senkrecht nach oben gebohrt werden. Wie lautet die Gleichung der Geraden auf der dieser Schacht liegt und wo liegt der Punkt S an der Erdoberfläche (z = 0)?

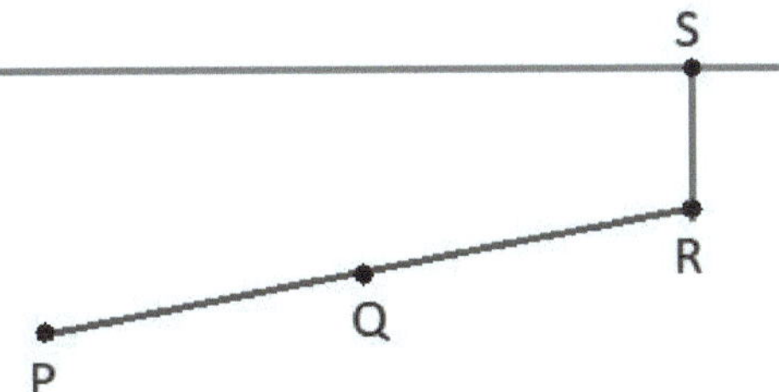

Wir bestimmen die (genau genommen eine mögliche) Gleichung der Geraden durch P und Q:

$$g: \vec{x} = \overrightarrow{OP} + r \cdot \overrightarrow{PQ} = \begin{pmatrix} 400 \\ -200 \\ -300 \end{pmatrix} + r \cdot \begin{pmatrix} 200 - 400 \\ 400 + 200 \\ -200 + 300 \end{pmatrix} = \begin{pmatrix} 400 \\ -200 \\ -300 \end{pmatrix} + r \cdot \begin{pmatrix} -200 \\ 600 \\ 100 \end{pmatrix}$$

Wir setzen die z-Komponente von g auf -100 (also z = -100): -300 + 100r = -100 | + 300

Damit ist 100r = 200 und r = 2. Nun setzen wir r = 2 in g:

$$\overrightarrow{OR} = \begin{pmatrix} 400 \\ -200 \\ -300 \end{pmatrix} + 2 \cdot \begin{pmatrix} -200 \\ 600 \\ 100 \end{pmatrix} = \begin{pmatrix} 0 \\ 1000 \\ -100 \end{pmatrix} \Rightarrow R(0; 1000; -100)$$

b) Wenn es senkrecht nach oben geht, ist der Richtungsvektor

$$\vec{v} = \begin{pmatrix} 0 \\ 0 \\ 1 \end{pmatrix}$$

oder ein Vielfaches davon (bis auf das 0 − fache): Eine Gleichung der Geraden die durch R verläuft und senkrecht nach oben geht wäre damit gegeben durch:

$$h: \vec{x} = \overrightarrow{OR} + t \cdot \vec{v} = \begin{pmatrix} 0 \\ 1000 \\ -100 \end{pmatrix} + t \cdot \begin{pmatrix} 0 \\ 0 \\ 1 \end{pmatrix}$$

Hier wurde mal t als Parameter statt r verwendet, was nicht relevant ist, außer wenn wir Schnittpunkte von zwei Geraden bestimmen sollen. Dann müssten wir bei den beiden Geradengleichungen zwei verschiedene Parameter verwenden (wobei die gewählten Buchstaben für die beiden Parameter dann auch irrelevant wären, sofern sie verschieden sind).

S können wir nun direkt ablesen, es gilt: S(0; 1000; 0). Oder wir setzen z = 0, erhalten t = 100 (aus der Gleichung -100 + t = 0) und setzen t = 100 in h ein.

5) Die Lichtquelle L(0; 0; 20) ist in die Richtung $\vec{v} = \begin{pmatrix} -2 \\ 1 \\ -2 \end{pmatrix}$ ausgerichtet.

a) Wo trifft der Lichtstrahl auf den Boden (x-y-Ebene)?

Der Lichtstrahl liegt auf der Geraden $g: \vec{x} = \overrightarrow{OL} + t \cdot \vec{v} = \begin{pmatrix} 0 \\ 0 \\ 20 \end{pmatrix} + t \cdot \begin{pmatrix} -2 \\ 1 \\ -2 \end{pmatrix}$

Am Boden ist z = 0, womit $20 - 2t = 0$ gilt und t = 10. t = 10 in g eingesetzt liefert uns den Punkt S als Schnittpunkt mit der x-y-Ebene:

$$\overrightarrow{OS} = \begin{pmatrix} 0 \\ 0 \\ 20 \end{pmatrix} + 10 \cdot \begin{pmatrix} -2 \\ 1 \\ -2 \end{pmatrix} = \begin{pmatrix} -20 \\ 10 \\ 0 \end{pmatrix} \Rightarrow S(-20; 10; 0)$$

b) Der Lichtstrahl wird am Boden reflektiert. Es soll eine Gleichung der Gerade bestimmt werden, auf der der Weg des reflektierten Lichtstrahls liegt: Wenn der Lichtstrahl an der x-y-Ebene reflektiert wird, „dreht" sich das Vorzeichen bei der z-Komponente des Richtungsvektors. Ein Richtungsvektor für den reflektierten Lichtstrahl ist damit durch

$$\vec{w} = \begin{pmatrix} -2 \\ 1 \\ 2 \end{pmatrix}$$

gegeben. Wir verwenden den Punkt S als Aufpunkt der Geraden h, die den reflektieren Lichtstrahl beschreibt, bzw. $\overrightarrow{OS}$ als deren Stürzvektor:

$$h: \vec{x} = \overrightarrow{OS} + t \cdot \vec{w} = \begin{pmatrix} -20 \\ 10 \\ 0 \end{pmatrix} + t \cdot \begin{pmatrix} -2 \\ 1 \\ 2 \end{pmatrix}$$

Bemerkung:
Es gibt für eine Gerade theoretisch unendlich viele Möglichkeiten, diese als Parameterform darzustellen. Nehmen wir als Beispiel die Gerade

$$g: \vec{x} = \begin{pmatrix} 5 \\ 2 \\ 4 \end{pmatrix} + t \cdot \begin{pmatrix} 2 \\ 1 \\ 1 \end{pmatrix}.$$

Wir können ein Vielfaches des Richtungsvektors verwenden, z.B. das Zweifache und erhalten eine weitere Darstellung der gleichen Gerade, z.B.

$$g: \vec{x} = \begin{pmatrix} 5 \\ 2 \\ 4 \end{pmatrix} + s \cdot \begin{pmatrix} 4 \\ 2 \\ 2 \end{pmatrix}.$$

Oder wir können als Stützvektor auch einen Ortsvektor eines beliebigen Punktes von g verwenden. Setzen wir in die Gerade oben für s = 1 ein, erhalten wir den Vektor

$$\vec{a} = \begin{pmatrix} 5 \\ 2 \\ 4 \end{pmatrix} + 1 \cdot \begin{pmatrix} 4 \\ 2 \\ 2 \end{pmatrix} = \begin{pmatrix} 9 \\ 4 \\ 6 \end{pmatrix}$$

(und A(9; 4; 6) wäre ein Punkt auf der Geraden). Diesen können wir auch als Stützvektor verwenden, womit sich eine weitere Darstellung der gleichen Geraden g ergibt:

$$g: \vec{x} = \begin{pmatrix} 9 \\ 4 \\ 6 \end{pmatrix} + s \cdot \begin{pmatrix} 4 \\ 2 \\ 2 \end{pmatrix}$$

Möglichkeiten zur Bestimmung des Abstandes zweier Geraden
Fall 1: Die Geraden sind windschief

$$g: \vec{x} = \vec{a} + t \cdot \vec{v}$$

$$h: \vec{x} = \vec{b} + s \cdot \vec{w}$$

Die beiden Richtungsvektoren $\vec{v}$ und $\vec{w}$ dürfen keine Vielfache (und nicht identisch) sein, womit die Geraden windschief sind oder genau einen Schnittpunkt haben. Das Verfahren kann auch theoretisch bei Geraden angewendet werden, die sich schneiden. Damit wäre der Abstand gleich 0. Es muss hier nicht extra geprüft werden, dass diese sich nicht schneiden.

Wir zeigen zur Abstandsbestimmung zweier windschiefer Geraden zwei Möglichkeiten.

Möglichkeit 1:

Wir bestimmen jeweils einen Fußpunkt F_g auf g und F_h auf h, so dass eine „Verbindungslinie" zwischen g und h entsteht, die orthogonal (senkrecht) zu beiden Geraden verläuft. D.h. $\vec{d} = \overrightarrow{F_h F_g}$ muss orthogonal zu den beiden Richtungsvektoren $\vec{v}$ und $\vec{w}$ sein. Dazu müssen wir das Gleichungssystem

$$(1) \quad \left[\vec{a} + t \cdot \vec{v} - (\vec{b} + s \cdot \vec{w})\right] \cdot \vec{v} = 0$$

$$(2) \quad \left[\vec{a} + t \cdot \vec{v} - (\vec{b} + s \cdot \vec{w})\right] \cdot \vec{w} = 0$$

nach s und t auflösen und dann die Lösung für t in g und die für s in h einsetzen, was uns die beiden Fußpunkt F_g auf g und F_h auf h liefert. Deren Abstand, d.h. $|\vec{d}| = |\overrightarrow{F_h F_g}|$, ist dann der Abstand der beiden Geraden.

Beispiel 1:

Gesucht wird der Abstand der Geraden

$$g: \vec{x} = \begin{pmatrix} -2 \\ 1 \\ 3 \end{pmatrix} + t \cdot \begin{pmatrix} -1 \\ 2 \\ -2 \end{pmatrix} \quad \text{und} \quad h: \vec{x} = \begin{pmatrix} -1 \\ 8 \\ -4 \end{pmatrix} + s \cdot \begin{pmatrix} 1 \\ 1 \\ -4 \end{pmatrix}.$$

Die Geraden sind nicht parallel oder identisch, da die Richtungsvektoren keine Vielfache sind (und auch nicht gleich sind).

$$(1) \quad \left(\left(\begin{pmatrix} -2 \\ 1 \\ 3 \end{pmatrix} + t \cdot \begin{pmatrix} -1 \\ 2 \\ -2 \end{pmatrix} \right) - \left(\begin{pmatrix} -1 \\ 8 \\ -4 \end{pmatrix} + s \cdot \begin{pmatrix} 1 \\ 1 \\ -4 \end{pmatrix} \right) \right) \cdot \begin{pmatrix} -1 \\ 2 \\ -2 \end{pmatrix} = 0$$

$$\left(\left(\begin{pmatrix} -1 \\ -7 \\ 7 \end{pmatrix} + t \cdot \begin{pmatrix} -1 \\ 2 \\ -2 \end{pmatrix} - s \cdot \begin{pmatrix} 1 \\ 1 \\ -4 \end{pmatrix} \right) \right) \cdot \begin{pmatrix} -1 \\ 2 \\ -2 \end{pmatrix} = 0$$

$$\left(\begin{pmatrix} -1 - t - s \\ -7 + 2t - s \\ 7 - 2t + 4s \end{pmatrix} \right) \cdot \begin{pmatrix} -1 \\ 2 \\ -2 \end{pmatrix} = 0$$

$$(-1 - t - s) \cdot (-1) + (-7 + 2t - s) \cdot 2 + (7 - 2t + 4s) \cdot (-2) = 0$$

$$-27 + 9t - 9s = 0 \quad \text{bzw.} \quad 9t - 9s = 27$$

$$(2) \quad \left(\left(\begin{pmatrix} -2 \\ 1 \\ 3 \end{pmatrix} + t \cdot \begin{pmatrix} -1 \\ 2 \\ -2 \end{pmatrix} \right) - \left(\begin{pmatrix} -1 \\ 8 \\ -4 \end{pmatrix} + s \cdot \begin{pmatrix} 1 \\ 1 \\ -4 \end{pmatrix} \right) \right) \cdot \begin{pmatrix} 1 \\ 1 \\ -4 \end{pmatrix} = 0$$

$$\left(\begin{pmatrix} -1 - t - s \\ -7 + 2t - s \\ 7 - 2t + 4s \end{pmatrix} \right) \cdot \begin{pmatrix} 1 \\ 1 \\ -4 \end{pmatrix} = 0$$

$$(-1 - t - s) \cdot 1 + (-7 + 2t - s) \cdot 1 + (7 - 2t + 4s) \cdot (-4) = 0$$

$$-36 + 9t - 18s = 0 \quad \text{bzw.} \quad 9t - 18s = 36$$

Damit ist:

$$(1) \quad 9t - 9s = 27$$

$$(2) \quad 9t - 18s = 36$$

Wir subtrahieren: $(1) - (2) \quad 9s = -9$

Damit ist $s = -1$. Setzen wir dies z.B. in (1) ein, ergibt sich $9t + 9 = 27$, womit $t = 2$. $t = 2$ in g eingesetzt und $s = -1$ in h liefert die Fußpunkte:

$$\overrightarrow{0F_g} = \begin{pmatrix} -2 \\ 1 \\ 3 \end{pmatrix} + 2 \cdot \begin{pmatrix} -1 \\ 2 \\ -2 \end{pmatrix} = \begin{pmatrix} -4 \\ 5 \\ -1 \end{pmatrix}$$

$$\overrightarrow{0F_h} = \begin{pmatrix} -1 \\ 8 \\ -4 \end{pmatrix} + (-1) \cdot \begin{pmatrix} 1 \\ 1 \\ -4 \end{pmatrix} = \begin{pmatrix} -2 \\ 7 \\ 0 \end{pmatrix}$$

$$\cdot \, |\vec{d}| = |\overrightarrow{F_h F_g}| = |\overrightarrow{0F_g} - \overrightarrow{0F_h}| = \left| \begin{pmatrix} -4 \\ 5 \\ -1 \end{pmatrix} - \begin{pmatrix} -2 \\ 7 \\ 0 \end{pmatrix} \right| = \left| \begin{pmatrix} -2 \\ -2 \\ -1 \end{pmatrix} \right| = \sqrt{4 + 4 + 1} = 3$$

Also beträgt der Abstand der beiden Geraden g und h 3 LE.

Möglichkeit 2 (etwas kürzer):

Es kann wie folgt vorgegangen werden:

(1) Es wird eine Ebene konstruiert, die g enthält und die parallel zu h ist:

$$E: \vec{x} = \vec{a} + t \cdot \vec{v} + s \cdot \vec{w}$$

In Normalform:

$$E: (\vec{x} - \vec{a}) \cdot \vec{n} = 0$$

Den Normalenvektor kann man z.B. über das Kreuzprodukt bestimmen:

$$\vec{n} = \vec{v} \times \vec{w}$$

Das Kreuz- bzw. Vektorprodukt ist wie folgt definiert:

$$\vec{v} \times \vec{w} = \begin{pmatrix} v_1 \\ v_2 \\ v_3 \end{pmatrix} \times \begin{pmatrix} w_1 \\ w_2 \\ w_3 \end{pmatrix} = \begin{pmatrix} v_2 w_3 - v_3 w_2 \\ v_3 w_1 - v_1 w_3 \\ v_1 w_2 - v_2 w_1 \end{pmatrix}$$

(2) Wir bestimmen den Abstand eines Punktes von h zu E. Dazu bestimmen wir zunächst die Hesse-Normalform von E:

$$(\vec{x} - \vec{a}) \cdot \vec{n} \cdot \frac{1}{|\vec{n}|} = 0$$

Nun setzen wir $\vec{b}$, als Ortsvektor eines Punktes von h, in die linke Seite oben ein und bestimmen den Betrag, der gleich dem gesuchten Abstand ist:

$$\text{Abstand: } d = \left| (\vec{b} - \vec{a}) \cdot \vec{n} \cdot \frac{1}{|\vec{n}|} \right|$$

Beispiel 2 (mit Geraden aus Beispiel 1):

Gesucht wird wieder der Abstand der Geraden

$$g: \vec{x} = \begin{pmatrix} -2 \\ 1 \\ 3 \end{pmatrix} + t \cdot \begin{pmatrix} -1 \\ 2 \\ -2 \end{pmatrix} \text{ und } h: \vec{x} = \begin{pmatrix} -1 \\ 8 \\ -4 \end{pmatrix} + s \cdot \begin{pmatrix} 1 \\ 1 \\ -4 \end{pmatrix}.$$

Wir bestimmen den Normalenvektor:

$$\begin{pmatrix} -1 \\ 2 \\ -2 \end{pmatrix} \times \begin{pmatrix} 1 \\ 1 \\ -4 \end{pmatrix} = \begin{pmatrix} 2 \cdot (-4) - (-2) \cdot 1 \\ (-2) \cdot 1 - (-1) \cdot (-4) \\ (-1) \cdot 1 - 2 \cdot 1 \end{pmatrix} = \begin{pmatrix} -6 \\ -6 \\ -3 \end{pmatrix}$$

Wir können diesen Vektor auch mit dem Faktor (-1/3) multiplizieren, womit dieser verkürzt wird (muss aber nicht gemacht werden):

$$\vec{n} = \begin{pmatrix} 2 \\ 2 \\ 1 \end{pmatrix}$$

$$|\vec{n}| = \sqrt{2^2 + 2^2 + 1^2} = 3$$

Ebene in Hesse-Normalform:

$$E: \left(\vec{x} - \begin{pmatrix} -2 \\ 1 \\ 3 \end{pmatrix} \right) \cdot \begin{pmatrix} 2 \\ 2 \\ 1 \end{pmatrix} \cdot 1/3 = 0$$

$$d = \left| \left(\begin{pmatrix} -1 \\ 8 \\ -4 \end{pmatrix} - \begin{pmatrix} -2 \\ 1 \\ 3 \end{pmatrix} \right) \cdot \begin{pmatrix} 2 \\ 2 \\ 1 \end{pmatrix} \cdot 1/3 \right| = \left| \begin{pmatrix} 1 \\ 7 \\ -7 \end{pmatrix} \cdot \begin{pmatrix} 2 \\ 2 \\ 1 \end{pmatrix} \cdot 1/3 \right| = |(2 + 14 - 7)/3| = 3$$

Damit beträgt der Abstand 3 LE. Die Ebenengleichung hätte auch in Koordinatenform (mit $\vec{x} \cdot \vec{n} = \vec{a} \cdot \vec{n}$) gebracht und hiermit der Abstand bestimmt werden können:

$2x + 2y + z = -4 + 2 + 3 = 1$, also E: $2x + 2y + z = 1$

Hesse-Normalform als Koordinatengleichung: $(2x + 2y + z - 1)/3 = 0$.

Nun muss nur der Stützpunkt (-1; 8; -4) in d = $|(2x + 2y + z - 1)/3|$ eingesetzt werden, womit sich auch der Abstand gleich 3 LE ergibt (siehe hierzu Seite 13 unter http://www.mathe-total.de/Aufgaben-Lineare-Algebra/Ebenen.pdf).

Fall 2: Die Geraden sind parallel

Bei parallelen Geraden, d.h. wenn die Richtungsvektoren Vielfache sind, kann einfach der Abstand des Stützpunktes B(b_1; b_2; b_3) (dessen Ortsvektor $\vec{b}$ ist) von h zu g bestimmt werden. Es kann hier also wie bei der Abstandsberechnung eines Punktes von einer Geraden vorgegangen werden. Allgemein sind also zwei parallele Geraden g und h gegeben, d.h. Richtungsvektoren $\vec{v}$ und $\vec{w}$ sind Vielfache oder identisch.

$$g: \vec{x} = \vec{a} + t \cdot \vec{v}$$

$$h: \vec{x} = \vec{b} + s \cdot \vec{w}$$

Den Lotfußpunkt F von B auf g bestimmt wir, indem wir

$$(\vec{a} + t \cdot \vec{v} - \vec{b}) \cdot \vec{v} = 0$$

nach t auflösen. Danach setzen wir diese Lösung für t in die Gleichung von g ein, womit sich der Lotfußpunkt F bzw. dessen Ortsvektor ergibt. Danach erhalten wir den gesuchten Abstand der Geraden durch den Abstand von B und F, also durch $\left| \overrightarrow{BF} \right|$. Eine Erklärung zur Bestimmung des Abstandes eines Punktes von einer Gerade findet sich auch unter dem folgenden Link auf Seite 7 (bzw. 27): http://www.mathe-total.de/LA-Skript/AG-Geraden.pdf.

Beispiel 3:

Gesucht wird der Abstand der Geraden

$$g: \vec{x} = \begin{pmatrix} 5 \\ 2 \\ 4 \end{pmatrix} + t \cdot \begin{pmatrix} 3 \\ -2 \\ 4 \end{pmatrix} \text{ und } h: \vec{x} = \begin{pmatrix} -5 \\ 6 \\ -1 \end{pmatrix} + s \cdot \begin{pmatrix} -6 \\ 4 \\ -8 \end{pmatrix}.$$

Die beiden Geraden sind parallel, denn der Richtungsvektor von h ist das (-2)-fache des Richtungsvektors von g:

$$-2 \cdot \begin{pmatrix} 3 \\ -2 \\ 4 \end{pmatrix} = \begin{pmatrix} -6 \\ 4 \\ -8 \end{pmatrix}$$

Theoretisch können die Geraden damit auch identisch sein, was wir nicht prüfen, denn dann wäre einfach der Abstand gleich Null. Der Stützpunkt von h ist B(-5; 6; -1). Wir bestimmen nun den Abstand dieses Punktes von g, was dann auch der Abstand der beiden Geraden ist.

Wir berechnen nun einen Lotfußpunkt F auf g. Wir lösen dazu zunächst folgende Gleichung:

$$\left(\begin{pmatrix} 5 \\ 2 \\ 4 \end{pmatrix} + t \cdot \begin{pmatrix} 3 \\ -2 \\ 4 \end{pmatrix} - \begin{pmatrix} -5 \\ 6 \\ -1 \end{pmatrix} \right) \cdot \begin{pmatrix} 3 \\ -2 \\ 4 \end{pmatrix} = 0$$

$$\left(\begin{pmatrix} 10 \\ -4 \\ 5 \end{pmatrix} + t \cdot \begin{pmatrix} 3 \\ -2 \\ 4 \end{pmatrix} \right) \cdot \begin{pmatrix} 3 \\ -2 \\ 4 \end{pmatrix} = 0$$

$$\begin{pmatrix} 10 + 3t \\ -4 - 2t \\ 5 + 4t \end{pmatrix} \cdot \begin{pmatrix} 3 \\ -2 \\ 4 \end{pmatrix} = 0$$

$$(10 + 3t) \cdot 3 + (-4 - 2t) \cdot (-2) + (5 + 4t) \cdot 4 = 0 \quad \Leftrightarrow \quad 58 + 29t = 0$$

Damit ist t = -2, was wir in die Gleichung von g einsetzen:

$$\overrightarrow{OF} = \begin{pmatrix} 5 \\ 2 \\ 4 \end{pmatrix} + (-2) \cdot \begin{pmatrix} 3 \\ -2 \\ 4 \end{pmatrix} = \begin{pmatrix} -1 \\ 6 \\ -4 \end{pmatrix}$$

$$|\overrightarrow{BF}| = \left| \begin{pmatrix} -1 \\ 6 \\ -4 \end{pmatrix} - \begin{pmatrix} -5 \\ 6 \\ -1 \end{pmatrix} \right| = \left| \begin{pmatrix} 4 \\ 0 \\ -3 \end{pmatrix} \right| = \sqrt{16 + 0 + 9} = 5$$

Also beträgt der Abstand 5 LE.

Anwendungsaufgaben zu diesem Thema sind hier zu finden:
http://www.mathe-total.de/Buecher/mathe-total-pdfs/Vektorrechnung-Abstaende-mit-Anwendung.pdf

Aufgaben zur Vektorrechnung

1) Liegt der Punkt P(1; -1; 2) auf der Geraden

$$g: \vec{x} = \begin{pmatrix} 4 \\ -5 \\ 6 \end{pmatrix} + t \cdot \begin{pmatrix} -1 \\ 2 \\ -2 \end{pmatrix} \ ?$$

2) a) Wie groß ist der Abstand der Punkte A(4; 2; -4) und B(1;-2;-4) zueinander?

   b) Gesucht wir der Mittelpunkt zwischen A und B aus a).

3) Sind die Vektoren

a) $\qquad \vec{a} = \begin{pmatrix} 1 \\ 4 \\ 6 \end{pmatrix}$ und $\vec{b} = \begin{pmatrix} -2 \\ -1 \\ 1 \end{pmatrix}$

b) $\qquad \vec{a} = \begin{pmatrix} 2 \\ -5 \\ 1 \end{pmatrix}$ und $\vec{b} = \begin{pmatrix} 1 \\ 3 \\ -2 \end{pmatrix}$

orthogonal zueinander? Wenn sie nicht orthogonal sind, wie groß ist der Winkel, den sie beide einschließen?

4) a) Liegt der Punkt P(2; 4; 3) auf der Ebene mit der Gleichung E: 2x − 4y + z = 3?

   b) Wie muss a gewählt werden, damit der Punkt P(4; a; -2) auf der Geraden

$$g: \vec{x} = \begin{pmatrix} 2 \\ -5 \\ 6 \end{pmatrix} + t \cdot \begin{pmatrix} -2 \\ 3 \\ 8 \end{pmatrix}$$

   liegt?

5) Gegeben sind die Punkt A(4; -5; 7), B(6; -9; 9) und C(-1; 0; 2), die in der Ebene E liegen.
a) Wie lautet eine Gleichung der Ebene E in Parameterform?
b) Wie lautet eine Gleichung der Ebene E in Normal- und Koordinatenform?
c) Wo schneidet die Ebene E die x-Achse?
d) Wo schneidet die Gerade g aus Aufgabe 1 die Ebene E und wie groß ist der Schnittwinkel?

6) Wie groß ist der Abstand des Punktes P(2; -1; 8) von der Ebene E: 6x − 3y + 3z = 10?

7) Wie ist die Lage der Gerade g durch die Punkte A(4; 2; -1) und C(5; 3; 1) zur Geraden h durch die Punkte C(2; 0; -5) und D(6; 4; 3)?

8) Im Punkt P(40; 10; 0) befindet sich die unterste Stelle eines 12m hohen Mastes. Die Sonne scheint Richtung

$$\vec{v} = \begin{pmatrix} 1 \\ 1 \\ -1 \end{pmatrix}.$$

Wo trifft der Schatten der Spitze des Masts den Boden (der durch die Gleichung E: z = 0 beschrieben wird)?

Lösungen:

1)

$$\begin{pmatrix} 1 \\ -1 \\ 2 \end{pmatrix} = \begin{pmatrix} 4 \\ -5 \\ 6 \end{pmatrix} + t \cdot \begin{pmatrix} -1 \\ 2 \\ -2 \end{pmatrix}$$

Wenn der Punkt P auf der Geraden g liegt, muss sich für jede Komponente das gleiche t ergeben:

(1) $1 = 4 - t \Leftrightarrow -3 = -t$

(2) $-1 = -5 + 2t \Leftrightarrow 4 = 2t$

(3) $2 = 6 - 2t$

(1) liefert t = 3 und (2) liefert t = 2. Damit braucht man (3) gar nicht mehr zu lösen. P liegt nicht auf g. Es hätte sich 3-mal derselbe Wert für t ergeben müssen, damit P auf g gelegen hätte.

2) a) $\overrightarrow{AB} = \overrightarrow{0B} - \overrightarrow{0A} = \begin{pmatrix} 1 \\ -2 \\ -4 \end{pmatrix} - \begin{pmatrix} 4 \\ 2 \\ -4 \end{pmatrix} = \begin{pmatrix} -3 \\ -4 \\ 0 \end{pmatrix}$

$d = |\overrightarrow{AB}| = \sqrt{(-3)^2 + (-4)^2 + 0^2} = 5$

(oder $d = \sqrt{(b_1 - a_1)^2 + (b_2 - a_2)^2 + (b_3 - a_3)^2}$)

b) $\overrightarrow{0M} = \tfrac{1}{2}(\overrightarrow{0A} + \overrightarrow{0B}) = \tfrac{1}{2}(\begin{pmatrix} 1 \\ -2 \\ -4 \end{pmatrix} + \begin{pmatrix} 4 \\ 2 \\ -4 \end{pmatrix}) = \begin{pmatrix} 5/2 \\ 0 \\ -4 \end{pmatrix} \Rightarrow M\,(5/2 ; 0 ; -4)$

3) a) $\vec{a} \cdot \vec{b} = \begin{pmatrix} 1 \\ 4 \\ 6 \end{pmatrix} \cdot \begin{pmatrix} -2 \\ -1 \\ 1 \end{pmatrix} = -2 - 4 + 6 = 0 \Rightarrow orthogonal$

b) $\vec{a} \cdot \vec{b} = \begin{pmatrix} 2 \\ -5 \\ 1 \end{pmatrix} \cdot \begin{pmatrix} 1 \\ 3 \\ -2 \end{pmatrix} = -2 - 15 - 2 = -15 \neq 0 \Rightarrow nicht\ orthogonal$

Für die Winkelberechnung benötigen wir die Längen bzw. Beträge der einzelnen Vektoren:

$|\vec{a}| = \sqrt{4 + 25 + 1} = \sqrt{30} \qquad |\vec{b}| = \sqrt{1 + 9 + 4} = \sqrt{14}$

$\cos(\alpha) = \dfrac{\vec{a}\cdot\vec{b}}{|\vec{a}|\cdot|\vec{b}|} = \dfrac{-15}{\sqrt{30}\cdot\sqrt{14}} \quad |\cos^{-1}(\ )$

$\alpha \approx 137{,}05°$

4) a) P(2; 4; 3) in E: 2x − 4y + z = 3 einsetzen:

$$2 \cdot 2 - 4 \cdot 4 + 3 = 3$$
$$4 - 16 + 3 = 3$$
$$-9 = 3, \text{ also Widerspruch und damit liegt P nicht in E}$$

b) $\begin{pmatrix} 4 \\ a \\ -2 \end{pmatrix} = \begin{pmatrix} 2 \\ -5 \\ 6 \end{pmatrix} + t \cdot \begin{pmatrix} -2 \\ 3 \\ 8 \end{pmatrix}$

(1) 4 = 2 − 2t
(2) a = - 5 + 3t
(3) -2 = 6 + 8t

(1) ergibt t = -1.
In (2): a = - 5 + 3 · (- 1) = - 8
Probe mit (3), damit P auch auf g liegt:
-2 = 6 + 8 · (- 1)
-2 = - 2, stimmt, also liegt für a = -8 der Punkt auf g.

5) a) $E: \vec{x} = \overrightarrow{OA} + r \cdot \overrightarrow{AB} + s \cdot \overrightarrow{AC}$ mit $\overrightarrow{AB} = \overrightarrow{OB} - \overrightarrow{OA}$ und $\overrightarrow{AC} = \overrightarrow{OC} - \overrightarrow{OA}$.

$$E: \vec{x} = \begin{pmatrix} 4 \\ -5 \\ 7 \end{pmatrix} + r \cdot \begin{pmatrix} 6 - 4 \\ -9 + 5 \\ 9 - 7 \end{pmatrix} + s \cdot \begin{pmatrix} -1 - 4 \\ 0 + 5 \\ 2 - 7 \end{pmatrix}$$

$$= \begin{pmatrix} 4 \\ -5 \\ 7 \end{pmatrix} + r \cdot \begin{pmatrix} 2 \\ -4 \\ 2 \end{pmatrix} + s \cdot \begin{pmatrix} -5 \\ 5 \\ -5 \end{pmatrix}$$

b) $\vec{n} = \begin{pmatrix} 2 \\ -4 \\ 2 \end{pmatrix} \times \begin{pmatrix} -5 \\ 5 \\ -5 \end{pmatrix} = \begin{pmatrix} -4 \cdot (-5) - 2 \cdot 5 \\ 2 \cdot (-5) - 2 \cdot (-5) \\ 2 \cdot 5 - (-4) \cdot (-5) \end{pmatrix} = \begin{pmatrix} 10 \\ 0 \\ -10 \end{pmatrix}$

Man kann auch $\vec{n} = \begin{pmatrix} 1 \\ 0 \\ -1 \end{pmatrix}$ verwenden, die Länge von $\vec{n}$ egal ist (solang sie natürlich nicht 0 ist).

Normalform: $E: \left[\vec{x} - \begin{pmatrix} 4 \\ -5 \\ 7 \end{pmatrix} \right] \cdot \begin{pmatrix} 1 \\ 0 \\ -1 \end{pmatrix} = 0$

$\begin{pmatrix} 4 \\ -5 \\ 7 \end{pmatrix}$ ist dabei der Stützvektor aus der Pammelerform.

Wir wandeln in Koordinatenform um:

$$\left[\vec{x} - \begin{pmatrix} 4 \\ -5 \\ 7 \end{pmatrix} \right] \cdot \begin{pmatrix} 1 \\ 0 \\ -1 \end{pmatrix} = 0 \quad \Leftrightarrow \quad \vec{x} \cdot \begin{pmatrix} 1 \\ 0 \\ -1 \end{pmatrix} - \begin{pmatrix} 4 \\ -5 \\ 7 \end{pmatrix} \cdot \begin{pmatrix} 1 \\ 0 \\ -1 \end{pmatrix} = 0$$

$$x - z - (4 + 0 - 7) = 0$$
$$x - z + 3 = 0$$

$\Rightarrow$ E: x − z = - 3 ist eine Darstellung in Koordinatenform.

c) E: x − z = - 3

x-Achse: P(x; 0; 0) liegen auf x-Achse. Also y = 0 und z = 0 in E einsetzen.:

x − 0 = - 3

x= -3 $\qquad \Rightarrow S_x(-3; 0; 0)$

d) Gerade aus 1):

$$g: \vec{x} = \begin{pmatrix} 4 \\ -5 \\ 6 \end{pmatrix} + t \cdot \begin{pmatrix} -1 \\ 2 \\ -2 \end{pmatrix}$$

Gerade hat damit die Koordianten:

x = 4 − t

y = - 5 + 2t

z = 6 − 2t

In E einsetzen und nach t auflösen:

x − z = - 3

4 − t − (6 − 2t) = - 3

4 − t − 6 + 2t = - 3

-2 + t = - 3

t = - 1

In g einsetzen:

$$\overrightarrow{OP} = \begin{pmatrix} 4 \\ -5 \\ 6 \end{pmatrix} - 1 \cdot \begin{pmatrix} -1 \\ 2 \\ -2 \end{pmatrix} = \begin{pmatrix} 5 \\ -7 \\ 8 \end{pmatrix} \quad \Rightarrow \text{Schnittpunkt ist P(5; -7; 8)}$$

Zur Berechnung des Schnittpunktes war es am einfachsten, die Koordinatenform von E zu verwenden. Bei der Parametaform von E hätte man die Gleichungen gleichsetzen müssen und ein System mit 3 Unbekannten lösen müssen.

Schnittwinkel: $\sin(\alpha) = \dfrac{|\vec{n} \cdot \vec{v}|}{|\vec{n}| \cdot |\vec{v}|}$

Bei der Schnittwinkelberechnung zwischen Gerade und Ebene muss der Normalenvektor der Ebene $\vec{n}$ und der Richtungsvektor der Geraden $\vec{v}$ verwendet werden. Im Zähler steht der Betrag des Skalarproduktes, damit der Schnittwinkel nicht über 90° ausgegeben wird und nur beim Schnittwinkel zwischen Ebene und Gerade steht ausnahmsweise der Sinus in der Formel, während sonst bei den anderen Schnittwinkel (Gerade/Gerade und Ebene/Ebene) immer, wie üblich, der Cosinus verwendet wird.

$$\vec{n} = \begin{pmatrix} 1 \\ 0 \\ -1 \end{pmatrix} \Rightarrow = |\vec{n}| = \sqrt{1^2 + 0^2 + (-1)^2} = \sqrt{2}$$

$$\vec{v} = \begin{pmatrix} -1 \\ 2 \\ -2 \end{pmatrix} \Rightarrow = |\vec{n}| = \sqrt{(-1)^2 + 2^2 + (-2)^2} = 3$$

$$\vec{n} \cdot \vec{v} = -1 + 0 + 2 = 1$$

$$\sin(\alpha) = \frac{|\vec{n} \cdot \vec{v}|}{|\vec{n}| \cdot |\vec{v}|} = \frac{1}{\sqrt{2} \cdot 3} \Rightarrow \alpha = \sin^{-1}\left(\frac{1}{\sqrt{2} \cdot 3}\right) \approx 13.63°$$

6) $6x - 3y + 3z = 10$

Wir müssen die Hesse-Normalform (HNF) bestimmen (als Koordinatendarstellung, da diese schon vorliegt). Wenn E: $n_1 x + n_2 y + n_3 z = c$ die Ebenengleichung ist, wäre dann

$$d = \left| \frac{n_1 x + n_2 y + n_3 z - c}{\sqrt{n_1^2 + n_2^2 + n_3^2}} \right| \text{ der Abstand, eines Punktes } P(x; y; z) \text{ von E.}$$

Wir berechnen diese Schritt für Schritt. Dazu müssen wir die Gleichung durch die Länge des Normalenvektors dividieren und zur auf die Form … = 0 bringen.

$6x - 3y + 3z = 10 \ |-10$
$6x - 3y + 3z - 10 = 0$

$$\vec{n} = \begin{pmatrix} 6 \\ -3 \\ 3 \end{pmatrix} \Rightarrow = |\vec{n}| = \sqrt{36 + 9 + 9} = \sqrt{54}$$

$\frac{6x - 3y + 3z - 10}{\sqrt{54}} = 0$ ist HNF als Koordinatengleichung.

Abstand von P(x; y; z) zu E: $d = \left| \frac{6x - 3y + 3z - 10}{\sqrt{52}} \right|$

P(2; -1; 8) einsetzen:

Abstand: $d = \left| \frac{6 \cdot 2 - 3 \cdot (-1) + 3 \cdot 8 - 10}{\sqrt{54}} \right| = \left| \frac{29}{\sqrt{54}} \right| \approx 3{,}95 \ \text{(LE)}$

7)
$g: \vec{x} = \overrightarrow{0A} + r \cdot \overrightarrow{AB} \quad \text{mit } \overrightarrow{AB} = \overrightarrow{0B} - \overrightarrow{A0}.$

$$= \begin{pmatrix} 4 \\ 2 \\ -1 \end{pmatrix} + r \cdot \begin{pmatrix} 5 - 4 \\ 3 - 2 \\ 1 + 1 \end{pmatrix}$$

$$= \begin{pmatrix} 4 \\ 2 \\ -1 \end{pmatrix} + r \cdot \begin{pmatrix} 1 \\ 1 \\ 2 \end{pmatrix}$$

$h: \vec{x} = \overrightarrow{0C} + r \cdot \overrightarrow{CD} \quad \text{mit } \overrightarrow{CD} = \overrightarrow{0D} - \overrightarrow{0C}.$

$$h: \quad \vec{x} = \begin{pmatrix} 2 \\ 0 \\ -5 \end{pmatrix} + t \cdot \begin{pmatrix} 6-2 \\ 4-0 \\ 3+5 \end{pmatrix}$$

$$= \begin{pmatrix} 2 \\ 0 \\ -5 \end{pmatrix} + t \cdot \begin{pmatrix} 4 \\ 4 \\ 8 \end{pmatrix}$$

Man sieht an den Richtungsvektoren, dass g und h parallel sind, denn $4 \cdot \begin{pmatrix} 1 \\ 1 \\ 2 \end{pmatrix} = \begin{pmatrix} 4 \\ 4 \\ 8 \end{pmatrix}$.

Damit sind diese Vielfache (hätten natürlich auch gleich sein können) $\Rightarrow$ g || h

Ist nun noch g = h ?

Wir prüfen nach, ob der Stützvektor von h noch auf g liegt (dann wären g und h parallel):

$$\begin{pmatrix} 2 \\ 0 \\ -5 \end{pmatrix} = \begin{pmatrix} 4 \\ 2 \\ -1 \end{pmatrix} + r \cdot \begin{pmatrix} 1 \\ 1 \\ 2 \end{pmatrix}$$

$2 = 4 + r \Leftrightarrow r = -2$

$0 = 2 + r \Leftrightarrow r = -2$

$-5 = -1 + 2r \Leftrightarrow -4 = 2r \Leftrightarrow r = -2$

Damit sind die Geraden sogar identisch.

8)

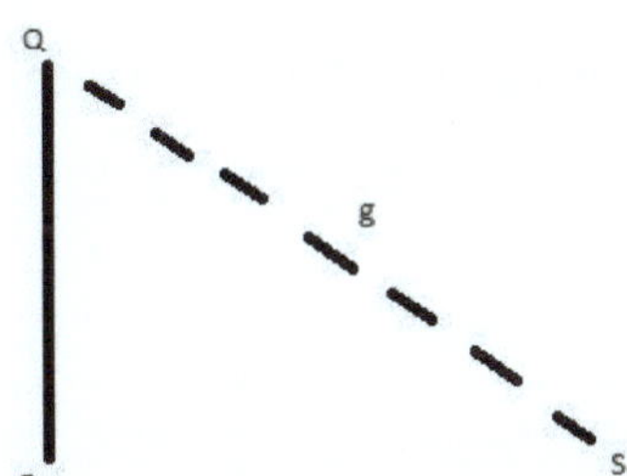

Wir bestimmen Q (Spitze des Mastes)

Q(40; 10; 0 + 12) = Q (40; 10; 12)

Die Hilfsgerade g enthält Q und verläuft in Sonnenrichtung:

$$g: \vec{x} = \overrightarrow{OQ} + t \cdot \vec{v} = \begin{pmatrix} 40 \\ 10 \\ 12 \end{pmatrix} + t \cdot \begin{pmatrix} 1 \\ 1 \\ -1 \end{pmatrix}$$

Boden: z = 0

Aus g ergibt sich z = 12 − t, also 12 − t = 0 $\Leftrightarrow$ t = 12

t = 12 in g einsetzen:

$$\overrightarrow{OS} = \begin{pmatrix} 40 \\ 10 \\ 12 \end{pmatrix} + 12 \cdot \begin{pmatrix} 1 \\ 1 \\ -1 \end{pmatrix} = \begin{pmatrix} 52 \\ 22 \\ 0 \end{pmatrix} \Rightarrow S(52; 22; 0) \text{ ist Schattenpunkt von Q auf dem Boden.}$$

Aufgaben zur Linearen Algebra mit Schwerpunkt auf Schnittpunkten und Lagebeziehungen

1) a) Es wird die Gleichung einer Geraden durch die Punkte A(4; 1; 3) und B(5; 3; 5) gesucht.

b) Liegt R(2; -3; -1) auf der Geraden aus a)?

c) Wo schneidet die Geraden aus a) die x-y-Ebene (E: z = 0)?

2) Wie ist die Lage der Geraden g und h zueinander?

a)
$$g: \vec{x} = \begin{pmatrix} 1 \\ 2 \\ 3 \end{pmatrix} + s \cdot \begin{pmatrix} 1 \\ 1 \\ 2 \end{pmatrix} \quad \text{und} \quad h: \vec{x} = \begin{pmatrix} 2 \\ 2 \\ 3 \end{pmatrix} + t \cdot \begin{pmatrix} 2 \\ 2 \\ 4 \end{pmatrix}$$

b)
$$g: \vec{x} = \begin{pmatrix} 4 \\ 2 \\ -1 \end{pmatrix} + s \cdot \begin{pmatrix} 2 \\ 1 \\ -1 \end{pmatrix} \quad \text{und} \quad h: \vec{x} = \begin{pmatrix} 0 \\ 0 \\ 1 \end{pmatrix} + t \cdot \begin{pmatrix} -2 \\ -1 \\ 1 \end{pmatrix}$$

c)
$$g: \vec{x} = \begin{pmatrix} 1 \\ 4 \\ -2 \end{pmatrix} + s \cdot \begin{pmatrix} -1 \\ 1 \\ 4 \end{pmatrix} \quad \text{und} \quad h: \vec{x} = \begin{pmatrix} -1 \\ 5 \\ 5 \end{pmatrix} + t \cdot \begin{pmatrix} -1 \\ -2 \\ 3 \end{pmatrix}$$

3) Wie muss a gewählt werden, damit sich

$$g_a: \vec{x} = \begin{pmatrix} a \\ 1 \\ 4 \end{pmatrix} + s \cdot \begin{pmatrix} 3 \\ 1 \\ 5 \end{pmatrix} \quad \text{und} \quad h: \vec{x} = \begin{pmatrix} 6 \\ 4 \\ 20 \end{pmatrix} + t \cdot \begin{pmatrix} 4 \\ 1 \\ 4 \end{pmatrix}$$

scheiden, wo liegt der Schnittpunkt und wie groß ist der Schnittwinkel?

4) Es soll eine Ebene durch die Punkte P(4; 0; 0), Q(2; -1; 0) und R(1; -2; -1) gelegt werden. Wie lautet eine Gleichung dieser Ebene in Parameterform und wie in Koordinatenform?

5) Gegeben ist die Gleichung der Ebene E: -x + y + 2z = 4.

a) Wo schneidet die Ebene die z-Achse?

b) S(1; 1; r) soll in E liegen, wie muss r gewählt werden?

c) Es wird der Schnittpunkt von E mit der Geraden

$$g: \vec{x} = \begin{pmatrix} 2 \\ 10 \\ 3 \end{pmatrix} + t \cdot \begin{pmatrix} -1 \\ 2 \\ 1 \end{pmatrix}$$

gesucht.

d) Gesucht ist eine Gleichung in Normalform und in Parameterform von E?

e) Wie groß ist der Abstand des Punktes T(0; 4; 6) zu E?

f) Wie ist die Lage von E zur Ebene E_1: 2x − 2y − 4z = 10, zur Ebene E_2: x + y − 4z = 10 und wie zur Ebene

$$E_3: \vec{x} = \begin{pmatrix} 6 \\ 4 \\ 3 \end{pmatrix} + r \cdot \begin{pmatrix} 4 \\ 2 \\ 1 \end{pmatrix} + s \cdot \begin{pmatrix} 1 \\ -1 \\ 1 \end{pmatrix} ?$$

Wenn sich die Ebenen schneiden ist auch die Schnittgerade gesucht.

Lösungen:

1) a) Geradengleichung:

$$g: \vec{x} = \overrightarrow{0A} + r \cdot \overrightarrow{AB} \quad \text{mit} \quad \overrightarrow{AB} = \overrightarrow{0B} - \overrightarrow{0A}.$$

$$g: \vec{x} = \begin{pmatrix} 4 \\ 1 \\ 3 \end{pmatrix} + r \cdot \begin{pmatrix} 5-4 \\ 3-1 \\ 5-3 \end{pmatrix}$$

$$g: \vec{x} = \begin{pmatrix} 4 \\ 1 \\ 3 \end{pmatrix} + r \cdot \begin{pmatrix} 1 \\ 2 \\ 2 \end{pmatrix}$$

b)

$$\begin{pmatrix} 2 \\ -3 \\ -1 \end{pmatrix} = \begin{pmatrix} 4 \\ 1 \\ 3 \end{pmatrix} + r \cdot \begin{pmatrix} 1 \\ 2 \\ 2 \end{pmatrix}$$

Wir erhalten:

$$(1) \quad 2 = 4 + r$$
$$(2) \quad -3 = 1 + 2r$$
$$(3) \quad -1 = 3 + 2r$$

Die Gleichung (1) ergibt r = -2, die Gleichung (2) ergibt r = -2 und die Gleichung (3) ergibt auch r = -2. Damit hat sich bei allen drei Gleichungen dasselbe r ergeben, womit der Punkt R auf der Geraden liegt. Hätte z.B. die Gleichung (1) so ausgesehen: 2 = 4, dann hätte der Punkt nicht auf der Geraden gelegen. Wenn aber 2 = 2 die erste Gleichung gewesen wäre, dann hätte der Punkt auch auf der Geraden gelegen, wenn die Gleichungen (2) und (3), wie oben, denselben Wert für r ergeben hätten.

c) Wir setzen die z-Komponente der Geradengleichung gleich 0: 0 = 3 + 2r, also r = -3/2. Dies können wir in die Geradengleichung von g einsetzen:

$$\overrightarrow{0S_x} = \begin{pmatrix} 4 \\ 1 \\ 3 \end{pmatrix} + (-3/2) \cdot \begin{pmatrix} 1 \\ 2 \\ 2 \end{pmatrix} = \begin{pmatrix} 5/2 \\ -2 \\ 0 \end{pmatrix}$$

Damit ist $S_x($ 5/2; -2; 0) bzw. $S_x(2{,}5; -2; 0)$ der Schnittpunkt der Geraden g mit der x-y-Ebene.

2) Wie ist die Lage der Geraden g und h zueinander?

a)

$$g: \vec{x} = \begin{pmatrix} 1 \\ 2 \\ 3 \end{pmatrix} + s \cdot \begin{pmatrix} 1 \\ 1 \\ 2 \end{pmatrix} \quad \text{und} \quad h: \vec{x} = \begin{pmatrix} 2 \\ 2 \\ 3 \end{pmatrix} + t \cdot \begin{pmatrix} 2 \\ 2 \\ 4 \end{pmatrix}$$

Bei der Lagebeziehung schaut man erst auf die Richtungsvektoren. Sind diese identisch oder allgemein Vielfache (was das Einfache mit einschließt), dann sind die Geraden parallel oder eventuell sogar identisch. Hier ist der Richtungsvektor von h das Zweifache des Richtungsvektors von g:

$$2 \cdot \begin{pmatrix} 1 \\ 1 \\ 2 \end{pmatrix} = \begin{pmatrix} 2 \\ 2 \\ 4 \end{pmatrix}$$

Damit sind die Geraden schon mal parallel. Sind sie auch identisch? Dazu muss nur geprüft werden, ob der Stützvektor (als Ortsvektor des Stützpunktes) von h auf g (oder umgedreht der Stützvektor von g auf h) liegt:

$$\begin{pmatrix} 2 \\ 2 \\ 3 \end{pmatrix} = \begin{pmatrix} 1 \\ 2 \\ 3 \end{pmatrix} + s \cdot \begin{pmatrix} 1 \\ 1 \\ 2 \end{pmatrix}$$

Wir erhalten:

(1) $2 = 1 + s$
(2) $2 = 2 + s$
(3) $3 = 3 + 2s$

Die erste Gleichung ergibt s = 2 und die zweite Gleichung s = 0. Damit haben wir einen Widerspruch und damit sind die Geraden g und h echt parallel (d.h. parallel und nicht identisch).

b) $\qquad g: \vec{x} = \begin{pmatrix} 4 \\ 2 \\ -1 \end{pmatrix} + s \cdot \begin{pmatrix} 2 \\ 1 \\ -1 \end{pmatrix}$ und $h: \vec{x} = \begin{pmatrix} 0 \\ 0 \\ 1 \end{pmatrix} + t \cdot \begin{pmatrix} -2 \\ -1 \\ 1 \end{pmatrix}$

Diese beiden Geraden sind wieder parallel, denn der Richtungsvektor von g ist das (-1)-fache des Richtungsvektors von h. Sind diese vielleicht identisch? Wie prüfen wie bei a):

$$\begin{pmatrix} 0 \\ 0 \\ 1 \end{pmatrix} = \begin{pmatrix} 4 \\ 2 \\ -1 \end{pmatrix} + s \cdot \begin{pmatrix} 2 \\ 1 \\ -1 \end{pmatrix}$$

Wir erhalten:

(1) $0 = 4 + 2s$
(2) $0 = 2 + s$
(3) $1 = -1 - s$

Alle drei Gleichungen ergebe s = -2, womit die beiden Geraden identisch sind.

c) $\qquad g: \vec{x} = \begin{pmatrix} 1 \\ 4 \\ -2 \end{pmatrix} + s \cdot \begin{pmatrix} -1 \\ 1 \\ 4 \end{pmatrix}$ und $h: \vec{x} = \begin{pmatrix} -1 \\ 5 \\ 5 \end{pmatrix} + t \cdot \begin{pmatrix} -1 \\ -2 \\ 3 \end{pmatrix}$

Hier sind die beiden Richtungsvektoren keine Vielfache. Somit sind die beiden Geraden entweder windschief (wenn sich ein Widerspruch beim Gleichsetzen ergibt) oder sie haben einen Schnittpunkt, wenn das Gleichungssystem, was sich beim Gleichsetzen der Geradengleichungen ergibt, eine eindeutige Lösung hat (und hier kann eine Lösung nur eindeutig sein, wenn es eine gibt, denn die Richtungsvektoren sind keine Vielfache).

$$\begin{pmatrix} 1 \\ 4 \\ -2 \end{pmatrix} + s \cdot \begin{pmatrix} -1 \\ 1 \\ 4 \end{pmatrix} = \begin{pmatrix} -1 \\ 5 \\ 5 \end{pmatrix} + t \cdot \begin{pmatrix} -1 \\ -2 \\ 3 \end{pmatrix}$$

Wir erhalten:

$$(1) \quad 1 - s = -1 - t$$
$$(2) \quad 4 + s = 5 - 2t$$
$$(3) \quad -2 + 4s = 5 + 3t$$

Wir bringen alle Parameter auf eine Seite und alle konstanten Zahlen auf die andere Seite:

$$(1') \quad 2 = s - t$$
$$(2') \quad -1 = -s - 2t$$
$$(3') \quad -7 = -4s + 3t$$

Wir lösen die Gleichungen (1') und (2') nach s und t auf und setzen dann zur Probe in (3') ein. Wenn (1') und (2') Vielfache wären (dazu zählt wie immer auch das Einfach), dann muss z.B. die Gleichung (1') und (3') ausgewählt werden.

Wir können die Gleichungen (1') und (2') direkt addieren:

(1') + (2'): $1 = -3t$ ergibt $t = -1/3$

Dies setzen wir in (1') (es wäre auch in (2') möglich) ein:

$$-1 = -s + 2/3$$

Also ist s = 5/3. Damit können wir die Lösungen für s und t (aus (1') und (2')) in (3') einsetzen:

$$-7 = -20/3 - 1$$

Damit ergibt sich ein Widerspruch (- 7 = -23/3) und die Geraden sind windschief. Wenn die Gleichung (3') erfüllt gewesen wäre, dann hätten sich die Geraden geschnitten. Danach hätte die Lösung für s in g oder die für t in h eingesetzt werden können, was den Schnittpunkt ergeben hätte. Aber hier gibt es keinen Schnittpunkt, denn g und h sind windschief zueinander.

$$3)\ g_a\colon \vec{x} = \begin{pmatrix} a \\ 1 \\ 4 \end{pmatrix} + s \cdot \begin{pmatrix} 3 \\ 1 \\ 5 \end{pmatrix} \quad \text{und}\ h\colon \vec{x} = \begin{pmatrix} 6 \\ 4 \\ 20 \end{pmatrix} + t \cdot \begin{pmatrix} 4 \\ 1 \\ 4 \end{pmatrix}$$

Wir setzen die beiden Geradengleichungen gleich und erhalten:

$$(1) \quad a + 3s = 6 + 4t$$
$$(2) \quad 1 + s = 4 + t$$
$$(3) \quad 4 + 5s = 20 + 4t$$

Wir bringen alle Variablen auf eine Seite (z.B. hier alle auf die linke Seite), was die Übersicht verbessert:

$$(1') \quad a + 3s - 4t = 6$$
$$(2') \quad s - t = 3$$
$$(3') \quad 5s - 4t = 16$$

Wir können hier sogar, da die unteren beiden Gleichungen kein a enthalten, diese erst mal nach s und t auflösen. Dazu addieren wir das (-4)-fache von (2') zu (3'):

$$(-4)\cdot(2') \quad -4s + 4t = -12$$
$$\underline{(3') \quad 5s - 4t = \ 16 \quad (+)}$$

$$s = 4$$

s = 4 in (2') eingesetzt ergibt: $4 - t = 3$, womit t = 1 ist.
Nun können wir s = 4 und t = 1 in (1') einsetzen: $a + 12 - 4 = 6$, womit a = -2 ist.

Damit würde

$$g_{-2}: \ \vec{x} = \begin{pmatrix} -2 \\ 1 \\ 4 \end{pmatrix} + s \cdot \begin{pmatrix} 3 \\ 1 \\ 5 \end{pmatrix}$$

die Gerade h schneiden. Um den Schnittpunkt S zu erhalten, müssen wir nur noch s = 4 in g_{-2} einsetzen oder t = 1 in h. Wir setzen in t = 1 in h ein:

$$\overrightarrow{OS} = \begin{pmatrix} 6 \\ 4 \\ 20 \end{pmatrix} + 1 \cdot \begin{pmatrix} 4 \\ 1 \\ 4 \end{pmatrix} = \begin{pmatrix} 10 \\ 5 \\ 24 \end{pmatrix} \ \Rightarrow \ S(10; \ 5; \ 24)$$

Wir müssen den Schnittwinkel der beiden Geraden berechnen. Hier müssen wir den Richtungsvektor $\vec{v} = \begin{pmatrix} 3 \\ 1 \\ 5 \end{pmatrix}$ der Geraden g_{-2} und den Richtungsvektor $\vec{w} = \begin{pmatrix} 4 \\ 1 \\ 4 \end{pmatrix}$ der Geraden h in die Formel

$$\cos(\alpha) = \frac{|\vec{v} \cdot \vec{w}|}{|\vec{v}| \cdot |\vec{w}|}$$

einsetzen. Dies ist die Formel zur Berechnung von Winkel zwischen Vektoren, nur dass hier im Zähler zusätzlich der Betrag des Skalarproduktes steht, damit der Winkel α nicht über 90° groß wird, da es sich um einen Schnittwinkel handelt.

Es gilt:

$$\vec{v} \cdot \vec{w} = \begin{pmatrix} 3 \\ 1 \\ 5 \end{pmatrix} \cdot \begin{pmatrix} 4 \\ 1 \\ 4 \end{pmatrix} = 3 \cdot 4 + 1 \cdot 1 + 5 \cdot 4 = 33$$

$$|\vec{v}| = \sqrt{3^2 + 1^2 + 5^2} = \sqrt{35}$$

$$|\vec{w}| = \sqrt{4^2 + 1^2 + 4^2} = \sqrt{33}$$

$$\cos(\alpha) = \frac{|\vec{v} \cdot \vec{w}|}{|\vec{v}| \cdot |\vec{w}|} = \frac{33}{\sqrt{35} \cdot \sqrt{33}}$$

$$\alpha = \cos^{-1}\left(\frac{33}{\sqrt{35} \cdot \sqrt{33}} \right) \approx 13{,}83°$$

Damit beträgt der Schnittwinkel ca. 13,83°.

4) Ebenengleichung in Parameterform:

$$E: \vec{x} = \overrightarrow{OP} + r \cdot \overrightarrow{PQ} + s \cdot \overrightarrow{PR} \quad \text{mit} \quad \overrightarrow{PQ} = \overrightarrow{OQ} - \overrightarrow{OP} \quad \text{und} \quad \overrightarrow{PR} = \overrightarrow{OR} - \overrightarrow{OP}.$$

$$E: \vec{x} = \begin{pmatrix} 4 \\ 0 \\ 0 \end{pmatrix} + r \cdot \begin{pmatrix} -2 \\ -1 \\ 0 \end{pmatrix} + s \cdot \begin{pmatrix} -3 \\ -2 \\ -1 \end{pmatrix}$$

Nun bestimmen wir die Koordinatenform. Wir berechnen dazu zunächst den Normalenvektor über das Vektorprodukt (siehe hierzu http://mathe-total.de/LA-Skript/AG-Ebenen.pdf S. 6 (S. 37)):

$$\vec{n} = \begin{pmatrix} -2 \\ -1 \\ 0 \end{pmatrix} \times \begin{pmatrix} -3 \\ -2 \\ -1 \end{pmatrix} = \begin{pmatrix} -1 \cdot (-1) - 0 \cdot (-2) \\ 0 \cdot (-3) - (-2) \cdot (-1) \\ -2 \cdot (-2) - (-1) \cdot (-3) \end{pmatrix} = \begin{pmatrix} 1 \\ -2 \\ 1 \end{pmatrix}$$

Wenn sich oben ein Normalenvektor mit relativ großen Zahlen ergeben hätte, hätte man den Vektor auch verkürzen können, bevor man dessen Komponenten unten einsetzt. Ebene in Koordinatenform (bzw. eine mögliche Darstellung davon):

$$E: \ n_1 \cdot x + n_2 \cdot y + n_3 \cdot z = c$$
$$E: \quad x - 2y + z = c$$

Wir setzen nun einen Punkt von E ein (z.B. P, aus dem Stützvektor):

$$4 = c$$

Damit gilt: $\qquad E: \quad x - 2y + z = 4$

Wir auch erst die Normalform bestimmen können, die ausmultipliziert die Koordinatenform ergibt. Die Normalform ist übrigens:

$$E: \ (\vec{x} - \vec{p}) \cdot \vec{n} = 0$$

Dabei ist $\vec{n}$ wieder der Normalvektor von oben (oder ein Vielfaches von diesem) und $\vec{p}$ ein Ortsvektor der Ebene, z.B. der Stützvektor $\overrightarrow{OP}$ von oben. Also eine mögliche Darstellung in der Normalform von E ist:

$$E: \ \left(\vec{x} - \begin{pmatrix} 4 \\ 0 \\ 0 \end{pmatrix} \right) \cdot \begin{pmatrix} 1 \\ -2 \\ 1 \end{pmatrix} = 0$$

4) Gegeben ist die Gleichung der Ebene E: -x + y + 2z = 4.

a) Die z-Achse wird im Punkt P(0; 0; z) geschnitten, also müssen wir in der Ebenengleichung x und y auf 0 setzen: 2z = 4, also z = 2 und der Schnittpunkt mit der z-Achse ist P(0; 0; 2).

b) Wir setzen S(1; 1; r) in die Gleichung von E ein, denn alle Punkte, die in E liegen, erfüllen die Koordinatengleichung: -1 + 1 + 2r = 4, also ist r = 2 und S(1; 1; 2).

c) Wir müssen zur Berechnung des Schnittpunktes von E die Komponenten von

$$g: \vec{x} = \begin{pmatrix} 2 \\ 10 \\ 3 \end{pmatrix} + t \cdot \begin{pmatrix} -1 \\ 2 \\ 1 \end{pmatrix}$$

in die Koordinatengleichung von E einsetzen. Aus der Geradengleichung ergibt sich $x = 2 - t$, $y = 10 + 2t$ und $z = 3 + t$, was wir in die Gleichung von E einsetzen:

$$-x + y + 2z = 4$$
$$-(2 - t) + 10 + 2t + 2 \cdot (3 + t) = 4$$
$$5t + 14 = 4$$

Damit ist $t = -2$. Hätte sich z.B. $14 = 4$ ergeben, wäre g parallel zu E gewesen und bei z.B. $4 = 4$ hätte g in E gelegen. Wie haben aber einen Schnittpunkt Q, den wir berechnen können, wenn wir $t = -2$ in g einsetzen:

$$\overrightarrow{OQ} = \begin{pmatrix} 2 \\ 10 \\ 3 \end{pmatrix} + (-2) \cdot \begin{pmatrix} -1 \\ 2 \\ 1 \end{pmatrix} = \begin{pmatrix} 4 \\ 6 \\ 1 \end{pmatrix} \Rightarrow Q(4; 6; 1)$$

d) Eine Gleichung in Normalform von E erhalten wir, indem wir zunächst einen Punkt R in E bestimmen. Der Punkt muss die Gleichung von E erfüllen. Wir haben bereits oben schon Punkte bestimmt, wir können aber auch R(0; 4; 0) nehmen, der liegt auch in E (denn er erfüllt die Gleichung $-x + y + 2z = 4$). Die Komponenten des Normalenvektors sind die Faktoren vor x, y und z in der Koordinatengleichung, also:

$$\vec{n} = \begin{pmatrix} -1 \\ 1 \\ 2 \end{pmatrix}$$

$$E: \ (\vec{x} - \vec{p}) \cdot \vec{n} = 0 \quad \text{mit z.B.} \ \ \vec{p} = \overrightarrow{OR}$$

$$E: \ \left(\vec{x} - \begin{pmatrix} 0 \\ 4 \\ 0 \end{pmatrix} \right) \cdot \begin{pmatrix} -1 \\ 1 \\ 2 \end{pmatrix} = 0 \quad \text{(ist eine Gleichung von E in Normalform)}$$

Eine Gleichung in Parameterform von E kann man über drei Punkt bestimmen, die in E liegen. Diese finden wir schnell, wenn wir die Koordinatengleichung anschauen (man müsste nur für z.B. x und y Zahlen einsetzen und nach z auflösen). Eine einfachere Möglichkeit ist aber die, dass wir die Koordinatengleichung nach x oder y oder z auflösen, wir wählen y:

$$-x + y + 2z = 4 \ \Leftrightarrow \ y = 4 + x - 2z \quad (*)$$

Nun setzen wir $x = r$ und $z = s$:

$$x = r$$
$$y = 4 + r - 2s \quad \text{(aus (*))}$$
$$z = s$$

Das müssen wir nur in die Vektorform schreiben und schon haben wir eine Darstellung in Parameterform:

$$E:\ \vec{x} = \begin{pmatrix} 0 \\ 4 \\ 0 \end{pmatrix} + r \cdot \begin{pmatrix} 1 \\ 1 \\ 0 \end{pmatrix} + s \cdot \begin{pmatrix} 0 \\ -2 \\ 1 \end{pmatrix}$$

Die Form, über die man am schnellsten prüfen kann, ob ein Punkt in der Ebene liegt oder über die man am besten einen Schnittpunkt mit einer Geraden bestimmen kann, mit der man auch am einfachsten Abstände berechnen kann, das ist die Koordinatenform (oder die Normalform, wobei die Koordinatenform nur die ausmultiplizierte Normalform ist).

e) Wir bestimmen die Hesse Normalform, wobei wir aber die Koordinatengleichung verwenden, also die ausmultiplizierte Normalform. Wir müssen nur die Koordinatengleichung umformen, dass auf einer Seite ein Null steht und dann durch die Länge bzw. den Betrag des Normalenvektor dividieren:

$$E:\ n_1 \cdot x + n_2 \cdot y + n_3 \cdot z - c = 0 \ \ | : |\vec{n}|$$

$$E:\ \frac{n_1 \cdot x + n_2 \cdot y + n_3 \cdot z - c}{\sqrt{n_1^2 + n_2^2 + n_3^2}} = 0$$

Der Abstand eines Punktes (x; y; z) zu E ergibt sich dann allgemein durch

$$d = \left| \frac{n_1 \cdot x + n_2 \cdot y + n_3 \cdot z - c}{\sqrt{n_1^2 + n_2^2 + n_3^2}} \right|$$

In der Aufgabe:

$$E:\ -x + y + 2z = 4$$

$$|\vec{n}| = \sqrt{(-1)^2 + 1^2 + 2^2} = \sqrt{6}$$

Wir setzen den Punkt T(0; 4; 6) in

$$d = \left| \frac{-x + y + 2z - 4}{\sqrt{6}} \right|$$

ein:

$$d = \left| \frac{-0 + 4 + 2 \cdot 6 - 4}{\sqrt{6}} \right| = \frac{12}{\sqrt{6}} \approx 4{,}90$$

Also beträgt der Abstand des Punktes T zur Ebene E ca. 4,90 LE.

f) Lagebeziehungen von Ebenen Koordinatenform sind einfach zu erkennen. Sind die Ebenengleichungen Vielfache voneinander, sind die Ebenen natürlich identisch. Sind die linken Seiten (bei der Form $n_1 \cdot x + n_2 \cdot y + n_3 \cdot z = c$) bzw. die Normalenvektoren Vielfache, dann sind die Ebenen erst einmal parallel. Ist die rechte Seite (auf der die Konstante steht) in so einem Fall nicht das gleiche Vielfache, sind diese nicht identisch und somit echt parallel.

Vergleichen wir

$$E: -x + y + 2z = 4$$

mit

$$E_1: 2x - 2y - 4z = 10,$$

so sehen wir, dass die Normalenvektoren Vielfache sind (die linke Seite von E mal (-2) ergibt die linke Seite von E_1) die rechte Seite ist aber nicht das (-2)-fache. Damit sind die Ebenen echt parallel. Wäre $E_1: 2x - 2y - 4z = -8$ gewesen, so wären die Ebenen identisch.

Zur Ebene $E_2: x + y - 4z = 10$.

Hier sind die Normalenvektoren keine Vielfache, somit schneiden sich die Ebenen in einer Schnittgeraden. Dies kann man bestimmen, wenn man das unterbesetzte Gleichungssystem

$$-x + y + 2z = 4$$
$$x + y - 4z = 10$$

löst. Wir eliminieren x, indem wir die beiden Gleichungen addieren:

$$2y - 2z = 14 \quad (**)$$

Nun müssen wir y oder z auf einen Parameter, z.B. t, setzen. Wenn sich -2z = 14 ergeben hätte, wäre z fest und es müsste y (oder allgemein auch x) auf t gesetzt werden. Wir setzen z = t in (**):

$$2y - 2t = 14$$

Nach y aufgelöst erhalten wir y = t + 7, was wir nun (mit z = t) z.B. in die obere Gleichung (von E) einsetzen können:

$$-x + t + 7 + 2t = 4$$

Wir erhalten x = 3t + 3. Also ist die Gerade durch

$$x = 3 + 3t$$
$$y = 7 + t$$
$$z = \quad t$$

gegeben, was in Vektorform

$$\vec{x} = \begin{pmatrix} 3 \\ 7 \\ 0 \end{pmatrix} + t \cdot \begin{pmatrix} 3 \\ 1 \\ 1 \end{pmatrix}$$

ist. Damit haben wir eine Gleichung der Schnittgeraden der Ebenen E und E_2 gefunden.

Zur Ebene E_3: $\vec{x} = \begin{pmatrix} 6 \\ 4 \\ 3 \end{pmatrix} + r \cdot \begin{pmatrix} 4 \\ 2 \\ 1 \end{pmatrix} + s \cdot \begin{pmatrix} 1 \\ -1 \\ 1 \end{pmatrix}$.

Diese könnten wir in Koordinatenform umformen, oder wir setzen diese in E ein, was auch noch relativ einfach ist, da E in Koordinatenform gegeben ist.

Die Komponenten von E_3:

$$x = 6 + 4r + s$$
$$y = 4 + 2r - s$$
$$z = 3 + r + s$$

Diese setzen wir in E ein:

$$-x + y + 2z = 4$$

$$-(6 + 4r + s) + 4 + 2r - s + 2\cdot(3 + r + s) = 4$$

$$4 = 4$$

Also sind hier E und E_3 identisch.

Hätte sich z.B. r + 2s = 4 statt 4 = 4 ergeben, dann hätten sich die Ebenen geschnitten. In so einem Fall kann nach r (oder s) aufgelöst werden. Die Lösung z.B. für r kann dann in die Gleichung von E_3 eingesetzt werden, womit sich in so einem Fall die Schnittgerade ergeben hätte. Wenn beide Parameter - wie in unserem Beispiel - verschwinden, sind die Ebenen identisch, wenn sich eine Gleichung ergibt, die immer wahr ist (wie 4 = 4), egal welche Werte r und s haben. Hätte sich ein Widerspruch ergeben, z.B. 5 = 4, dann wären die Ebenen echt parallel gewesen.

Lagebeziehungen von Gerade/Ebene und Ebene/Ebene

Gerade/Ebene:

1) Wie ist die Lage der Gerade und der Ebene zueinander?

a) $\quad g: \vec{x} = \begin{pmatrix} 1 \\ 2 \\ 1 \end{pmatrix} + t \cdot \begin{pmatrix} 1 \\ -1 \\ 1 \end{pmatrix}$

$\quad E: 2x + y + 4z = 13$

b) $\quad g: \vec{x} = \begin{pmatrix} 2 \\ 1 \\ 3 \end{pmatrix} + t \cdot \begin{pmatrix} 2 \\ 1 \\ 0 \end{pmatrix}$

$\quad E: x - 2y + z = 5$

2) Wie muss a gewählt werden, damit $g_a : \vec{x} = \begin{pmatrix} 2 \\ a \\ 1 \end{pmatrix} + t \cdot \begin{pmatrix} 4 \\ 1 \\ 2 \end{pmatrix}$ in

$$E: \vec{x} = \begin{pmatrix} 1 \\ 1 \\ 2 \end{pmatrix} + r \cdot \begin{pmatrix} 1 \\ 2 \\ 1 \end{pmatrix} + s \cdot \begin{pmatrix} 3 \\ -1 \\ 1 \end{pmatrix} \text{ liegt?}$$

Lösungen:

1)a Mit der Geradengleichung ergibt sich:
$$x = 1 + t$$
$$y = 2 - t$$
$$z = 1 + t$$

in E einsetzen: $\quad 2 \cdot (1 + t) + 2 - t + 4 \cdot (1 + t) = 13$

$\qquad 2 + 2t + 2 - t + 4 + 4t = 13$

$\qquad 8 + 5t = 13 \mid -8$

$\qquad 5t = 5 \mid :5$

$\qquad t = 1$

Es gibt genau einen Schnittpunkt. Wenn man diesen bestimmen möchte, muss man t = 1 in g

einsetzen $\left(\overrightarrow{OS} = \begin{pmatrix} 1 \\ 2 \\ 1 \end{pmatrix} + 1 \cdot \begin{pmatrix} 1 \\ -1 \\ 1 \end{pmatrix} = \begin{pmatrix} 2 \\ 1 \\ 2 \end{pmatrix} \Rightarrow S(2|1|2) \right)$

b) $\quad x = 2 + 2t$
$\quad y = 1 + t$
$\quad z = 3$

in E einsetzen: $2 + 2t - 2 \cdot (1 + t) + 3 = 5$

$2 + 2t - 2 - 2t + 3 = 5$

$3 = 5$

$\Rightarrow$ parallel

Bemerkung: Hier ist der Normalenvektor von E, d.h. $\vec{n} = \begin{pmatrix} 1 \\ -2 \\ 1 \end{pmatrix}$, senkrecht zum

Richtungsvektor $\vec{v}$ der Geraden g $\left(\vec{v} = \begin{pmatrix} 2 \\ 1 \\ 0 \end{pmatrix}\right)$.

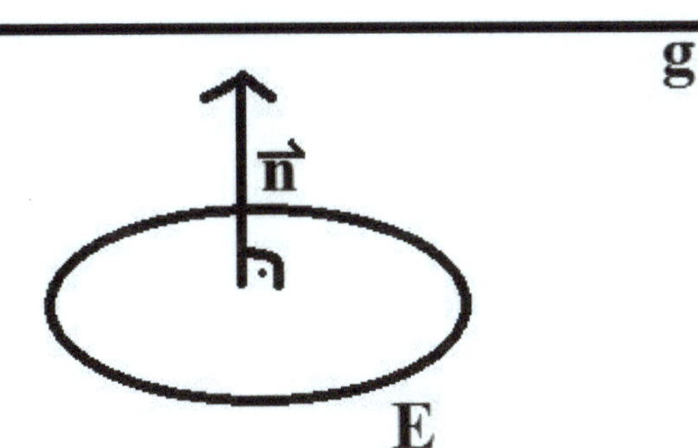

$g \perp E \Leftrightarrow \vec{n} \cdot \vec{v} = 0$

2) Man könnte hier gleichsetzen

$$\begin{pmatrix} 2 \\ a \\ 1 \end{pmatrix} + t \cdot \begin{pmatrix} 4 \\ 1 \\ 2 \end{pmatrix} = \begin{pmatrix} 1 \\ 1 \\ 2 \end{pmatrix} + r \cdot \begin{pmatrix} 1 \\ 2 \\ 1 \end{pmatrix} + s \cdot \begin{pmatrix} 3 \\ -1 \\ 1 \end{pmatrix}.$$

Einfacher ist es, wenn man E in Koordinatenform umwandelt (siehe http://mathe-total.de/LA-Skript/AG-Ebenen.pdf ab S. 4):

$$\vec{n} = \begin{pmatrix} 1 \\ 2 \\ 1 \end{pmatrix} \times \begin{pmatrix} 3 \\ -1 \\ 1 \end{pmatrix} = \begin{pmatrix} 3 \\ 2 \\ -7 \end{pmatrix}$$

Schema für das Kreuzprodukt:

$$
\begin{array}{ll}
2 \quad -1 & \\
1 \quad 1 & 2 \cdot 1 - 1 \cdot (-1) \;= 3 \\
1 \quad 3 & 1 \cdot 3 - 1 \cdot 1 \;= 2 \\
2 \quad -1 & 1 \cdot (-1) - 2 \cdot 3 = -7
\end{array}
$$

E: $3x + 2y - 7z = d$

Stützpunkt P (Stützvektor von E: $\vec{p} = \begin{pmatrix} 1 \\ 1 \\ 2 \end{pmatrix}$) in Gleichung einsetzen.

$3 \cdot 1 + 2 \cdot 1 - 7 \cdot 2 = d$

$\qquad\qquad -9 = d$

E: $3x + 2y - 7z = -9$

g in E einsetzen:

$x = 2 + 4t$

$y = a + t$

$z = 1 + 2t$

$$3 \cdot (2 + 4t) + 2 \cdot (a + t) - 7 \cdot (1 + 2t) = -9$$
$$6 + 12t + 2a + 2t - 7 - 14t = -9 \qquad (1)$$
$$2a - 1 = -9 \mid +1 \qquad \text{(t fällt weg, deshalb parallel)}$$
$$2a = -8 \mid :2$$
$$a = -4$$

Für a = -4 liegt g in E.

Hier würde sich dann bei (1) -9 = -9 ergeben.

Ebene / Ebene:

Wie ist die Lage der Ebenen zueinander?

3)   a) $E_1: x + 2y + 3z = 4$

$E_2: 2x + 4y + 6z = 10$

$E_3: -x - 2y - 3z = -4$

b) $E_1: x + y - 2z = 4$

$$E_2: \vec{x} = \begin{pmatrix} 1 \\ 1 \\ 1 \end{pmatrix} + r \cdot \begin{pmatrix} 2 \\ 1 \\ 1 \end{pmatrix} + s \cdot \begin{pmatrix} 1 \\ 2 \\ -1 \end{pmatrix}$$

c) $E_1: x + y - z = 4$

$E_2: x + y + z = 2$

Lösung:

3a) E_1 ist parallel zu E_2 (Normalvektoren sind Vielfache: $\vec{n_1} = \begin{pmatrix} 1 \\ 2 \\ 3 \end{pmatrix}$; $\vec{n_2} = \begin{pmatrix} 2 \\ 4 \\ 6 \end{pmatrix}$).

Multipliziert man die Gleichungen von E_1 mit 2 ergibt sich $2x + 4y + 6z = 8$. Hier stimmt die rechte Seite nicht überein, also parallel und nicht identisch.

E_1 und E_3 sind identisch (Gleichung von E_1 mit (-1) multipliziert ergibt die von E_3).

b)   Aus E_2 ergibt sich $x = 1 + 2r + s$ (I)

$y = 1 + r + 2s$ (II)

$z = 1 + r - s$ (III)

In E_1 einsetzen: $1 + 2r + s + 1 + r + 2s - 2 \cdot (1 + r - s) = 4$

$1 + 2r + s + 1 + r + 2s - 2 - 2r + 2s = 4 \quad \Leftrightarrow \quad r + 5s = 4$

Es gibt somit eine Schnittgerade (für z.B. 4 = 4 wären die Ebenen identisch und für z.B. 5 = 4 parallel), denn es fallen nicht beide Parameter (hier r und s) weg.

Möchte man die Schnittgerade bestimmen, muss man nach r oder s auflösen und in die Gleichung von E_2 einsetzen (man könnte auch in die Komponenten (I) bis (III) einsetzen).

Wir lösen nach r auf: $r = 4 - 5s$

In E_2:
$$\vec{x} = \begin{pmatrix} 1 \\ 1 \\ 1 \end{pmatrix} + r \cdot \begin{pmatrix} 2 \\ 1 \\ 1 \end{pmatrix} + s \cdot \begin{pmatrix} 1 \\ 2 \\ -1 \end{pmatrix}$$

$$= \begin{pmatrix} 1 \\ 1 \\ 1 \end{pmatrix} + (4 - 5s) \cdot \begin{pmatrix} 2 \\ 1 \\ 1 \end{pmatrix} + s \cdot \begin{pmatrix} 1 \\ 2 \\ -1 \end{pmatrix}$$

$$= \begin{pmatrix} 1 \\ 1 \\ 1 \end{pmatrix} + 4 \cdot \begin{pmatrix} 2 \\ 1 \\ 1 \end{pmatrix} - 5s \cdot \begin{pmatrix} 2 \\ 1 \\ 1 \end{pmatrix} + s \cdot \begin{pmatrix} 1 \\ 2 \\ -1 \end{pmatrix}$$

$$= \begin{pmatrix} 1 \\ 1 \\ 1 \end{pmatrix} + \begin{pmatrix} 8 \\ 4 \\ 4 \end{pmatrix} + s \cdot \begin{pmatrix} -10 \\ -5 \\ -5 \end{pmatrix} + s \cdot \begin{pmatrix} 1 \\ 2 \\ -1 \end{pmatrix}$$

$$= \begin{pmatrix} 9 \\ 5 \\ 5 \end{pmatrix} + s \cdot \begin{pmatrix} -9 \\ -3 \\ -6 \end{pmatrix} \quad \text{ist eine Gleichung der Schnittgerade.}$$

c) E_1 und E_2 sind nicht parallel und auch nicht identisch, denn die Normalenvektoren

$\vec{n_1} = \begin{pmatrix} 1 \\ 1 \\ -1 \end{pmatrix}$ und $\vec{n_2} = \begin{pmatrix} 1 \\ 1 \\ 1 \end{pmatrix}$ sind weder identisch noch Vielfache.

Möchte man die Schnittgerade bestimmen, kann man eine Variable (hier z.B. z) eliminieren.

$x + y - z = 4$
$x + y + z = 2$
$$\overline{} \quad +$$
$2x + 2y = 6$

Nun kann man x oder y auf r (oder auf s oder t …) setzen.

Wir setzen $y = r$:

$2x + 2r = 6$
$2x = 6 - 2r$
$x = 3 - r$

In E_1 (oder E_2) einsetzen:
$$3 - r + r - z = 4$$
$$3 - z = 4 \qquad | -3$$
$$-z = 1 \qquad | \cdot(-1)$$
$$z = -1$$

Eine Gleichung der Schnittgerade g:

$$\vec{x} = \begin{pmatrix} 3 \\ 0 \\ -1 \end{pmatrix} + r \cdot \begin{pmatrix} -1 \\ 1 \\ 0 \end{pmatrix} \quad \text{(da } x = 3 - r, \ y = r \text{ und } z = -1 \text{ ist.)}$$

Aufgaben zu Ebenen

Ebenengleichung in Parameterform und Punktprobe

Aufgabe 1:

Gesucht ist eine Gleichung der Ebene E durch die Punkte A(1; -2; 2); B(2; 1; -1) und C(4; 1; 2) in Parameterform.

Lösung:

$$E: \vec{x} = \overrightarrow{OA} + s \cdot \overrightarrow{AB} + t \cdot \overrightarrow{AC} \text{ mit } \overrightarrow{AB} = \overrightarrow{OB} - \overrightarrow{OA} \text{ und } \overrightarrow{AC} = \overrightarrow{OC} - \overrightarrow{OA}$$

$$E: \vec{x} = \begin{pmatrix} 1 \\ -2 \\ 2 \end{pmatrix} + s \cdot \begin{pmatrix} 2-1 \\ 1-(-2) \\ -1-2 \end{pmatrix} + t \cdot \begin{pmatrix} 4-1 \\ 1-(-2) \\ 2-2 \end{pmatrix}$$

$$E: \vec{x} = \begin{pmatrix} 1 \\ -2 \\ 2 \end{pmatrix} + s \cdot \begin{pmatrix} 1 \\ 3 \\ -3 \end{pmatrix} + t \cdot \begin{pmatrix} 3 \\ 3 \\ 0 \end{pmatrix}$$

Aufgabe 2:

Liegt der Punkt P(6; 7; -4) in der Ebene E aus Aufgabe 1?

Lösung:

$$\begin{pmatrix} 6 \\ 7 \\ -4 \end{pmatrix} = \begin{pmatrix} 1 \\ -2 \\ 2 \end{pmatrix} + s \cdot \begin{pmatrix} 1 \\ 3 \\ -3 \end{pmatrix} + t \cdot \begin{pmatrix} 3 \\ 3 \\ 0 \end{pmatrix}$$

Wir erhalten 3 Gleichungen mit 2 Unbekannten:

(1)	$6 = 1 + s + 3t$	$\| -1$
(2)	$7 = -2 + 3s + 3t$	$\| +2$
(3)	$-4 = 2 - 3s$	$\| -2$

(1)	$5 = s + 3t$
(2)	$9 = 3s + 3t$
(3)	$-6 = -3s$

Wir wählen 2 der 3 Gleichungen aus, lösen diese nach s und t auf und machen dann die Probe mit der nicht verwendeten Gleichung. Wären die ausgewählten Gleichungen Vielfache, dann muss eine andere Gleichung ausgewählt werden. Ist gleich zu Beginn ein Widerspruch zu sehen (z.B. -4 = 2), dann liegt der Punkt nicht in der Ebene. Hier bietet es sich an, z.B. die Gleichungen (2) und (3) zu wählen. Allgemein müssten wir hier erst das Subtraktions-/Additionsverfahren anwenden, um s oder t zu eliminieren. Gleichung (3) liefert aber direkt s = 2. Setzen wir dies in (2) ein, ergibt sich 9 = 3·2 + 3t, somit ist 3 = 3t und t = 1. Wir machen die Probe mit der nicht verwendeten Gleichung (1):

$5 = 2 + 3·1$ Ist erfüllt! Damit liegt der Punkt P in der Ebene E.

Aufgabe 3: (weitere Punktprobe)

Es soll geprüft werden, ob der Punkt P(3; 10, -2) in der Ebene mit der Gleichung

$$E: \quad \vec{x} = \begin{pmatrix} 1 \\ 2 \\ 1 \end{pmatrix} + s \cdot \begin{pmatrix} -2 \\ 4 \\ 1 \end{pmatrix} + t \cdot \begin{pmatrix} 2 \\ 2 \\ -2 \end{pmatrix}$$

liegt.

Lösung:

Wenn dieser Punkt in der Ebene E liegt, so gibt es ein s und ein t, so dass

$$\begin{pmatrix} 3 \\ 10 \\ -2 \end{pmatrix} = \begin{pmatrix} 1 \\ 2 \\ 1 \end{pmatrix} + s \cdot \begin{pmatrix} -2 \\ 4 \\ 1 \end{pmatrix} + t \cdot \begin{pmatrix} 2 \\ 2 \\ -2 \end{pmatrix}$$

gilt, bzw.:

$$3 = 1 - 2s + 2t \quad \Leftrightarrow \quad (1) \quad 2 = -2s + 2t$$
$$10 = 2 + 4s + 2t \quad \Leftrightarrow \quad (2) \quad 8 = 4s + 2t$$
$$-2 = 1 + s - 2t \quad \Leftrightarrow \quad (3) \; -3 = s - 2t$$

Wir wählen wieder zwei Gleichungen aus, lösen diese nach s und t auf und manchen dann die Probe mit der nicht ausgewählten Gleichung. Hier bietet sich die Wahl von (2) und (3) an, denn wenn wir diese addieren, erhalten wir 5 = 5s, womit s = 1 ist. Einsetzen von s = 1 in (3) ergibt -3 = 1 − 2t, womit wir t = 2 erhalten. Die Probe mit der ersten Gleichung ergibt 2 = − 2 + 4, womit diese erfüllt ist und P in E liegt.

Ist die Ebene in Koordinatenform gegeben, so muss man nur den Punkt in die Ebenengleichung einsetzen und prüfen, ob diese erfüllt ist, was deutlich einfacher ist.

Schnittpunkt Ebene/Gerade

Aufgabe 4

Es soll die Lage der Geraden g zur Ebene E bestimmt werden und gegebenenfalls der Schnittpunkt:

$$g: \quad \vec{x} = \begin{pmatrix} 1 \\ 0 \\ -6 \end{pmatrix} + r \cdot \begin{pmatrix} 2 \\ -1 \\ 4 \end{pmatrix} \quad \text{und} \quad E: \quad \vec{x} = \begin{pmatrix} 2 \\ -2 \\ 1 \end{pmatrix} + s \cdot \begin{pmatrix} -1 \\ 1 \\ 1 \end{pmatrix} + t \cdot \begin{pmatrix} 2 \\ 1 \\ 2 \end{pmatrix}.$$

Lösung:

Gleichsetzen ergibt drei Gleichungen mit drei Unbekannten, wobei wir diese so umformen können, dass nur die Unbekannten jeweils auf der rechten Seite der Gleichungen stehen:

$$1 + 2r = 2 - s + 2t \quad \Leftrightarrow \quad (1) \; -1 = -2r - s + 2t$$
$$-r = -2 + s + t \quad \Leftrightarrow \quad (2) \quad 2 = r + s + t$$
$$-6 + 4r = 1 + s + 2t \quad \Leftrightarrow \quad (3) \; -7 = -4r + s + 2t$$

Wir eliminieren s, indem wir die Gleichung (1) zur Gleichung (2) und (3) addieren. So machen wir aus drei Gleichungen mit drei Unbekannten zwei Gleichungen mit zwei Unbekannten:

$$(1) + (2) \quad 1 = -r + 3t \quad (I)$$
$$(1) + (3) \quad -8 = -6r + 4t \quad (II)$$

Der Einfachheit halber wurden neue Ziffern vergeben und wir addieren das -6-fache von (I) zu (II), um r zu eliminieren: $-6(I) + (II) \quad -14 = -14t$

Damit erhalten wir t = 1, was wir z.B. in (I) einsetzen können, womit sich 1 = -r + 3 ergibt und somit r = 2. Setzen wir t = 1 und r = 2 z.B. in (2) ein, ergibt sich s = -1.

Hätte sich ein Widerspruch ergeben, z.B. 4 = 5, dann wäre die Gerade g parallel zur Ebene E gewesen. Hätte sich eine Gleichung ergeben, die immer richtig ist, wie z.B. 4 = 4, dann hätte g in E gelegen. Diese Spezialfälle treten immer auf, wenn bei einer Addition oder Subtraktion zweier Gleichungen alle Variablen verschwinden.

Wir können nun noch den Schnittpunkt bestimmen, indem wir r = 2 in g oder s = -1 und t = 1 in E einsetzen. Wir setzten r = 2 in g ein, was einfacher ist:

$$\overrightarrow{OS} = \begin{pmatrix} 1 \\ 0 \\ -6 \end{pmatrix} + 2 \cdot \begin{pmatrix} 2 \\ -1 \\ 4 \end{pmatrix} = \begin{pmatrix} 5 \\ -2 \\ 2 \end{pmatrix}$$

Somit ist S(5; -2, 2) der Schnittpunkt.

Bestimmung der Koordinaten- oder Normalform über die Parameterform

In der Koordinatenform wird vieles einfacher, wie beispielsweise die Punktprobe oder die Berechnung des Schnittpunktes einer Geraden mit einer Ebene und zudem lassen sich erst hier Abstände einer Ebene zu Punkten oder Geraden und auch Schnittwinkel „direkt" berechnen. Es ist ebenfalls über die Koordinatenform einfach zu erkennen, ob zwei Ebenen parallel oder identisch sind.

Aufgabe 5:
Gesucht wird eine Koordinatengleichung der folgenden Ebene in Parameterform:

$$E: \vec{x} = \begin{pmatrix} -1 \\ 1 \\ 2 \end{pmatrix} + s \cdot \begin{pmatrix} 1 \\ -1 \\ 2 \end{pmatrix} + t \cdot \begin{pmatrix} 1 \\ -2 \\ 2 \end{pmatrix}$$

Lösung:

<u>1. Möglichkeit:</u>
Es wird zunächst gezeigt, wie dieses Verfahren allgemein angewendet werden kann.

$$E: \vec{x} = \vec{a} + s \cdot \vec{v} + t \cdot \vec{w}$$

Wir bestimmen den Normalenvektor $\vec{n}$ über das Kreuzprodukt bzw. Vektorprodukt der beiden Richtungsvektoren:

$$\vec{n} = \vec{v} \times \vec{w} = \begin{pmatrix} v_1 \\ v_2 \\ v_3 \end{pmatrix} \times \begin{pmatrix} w_1 \\ w_2 \\ w_3 \end{pmatrix} = \begin{pmatrix} v_2 w_3 - v_3 w_2 \\ v_3 w_1 - v_1 w_3 \\ v_1 w_2 - v_2 w_1 \end{pmatrix}$$

Damit gilt, dass $\vec{n}$ orthogonal zu den beiden Richtungsvektoren ist bzw. dass dann die Skalaprodukte $\vec{n} \cdot \vec{v} = 0$ und $\vec{n} \cdot \vec{w} = 0$ ergeben.

Danach ergibt sich mit E: $[\vec{x} - \vec{a}] \cdot \vec{n} = 0$ die Ebenengleichung in Normalform bzw. durch das Ausmultiplizieren der Gleichungen in Normalform die Gleichung $\vec{x} \cdot \vec{n} - \vec{a} \cdot \vec{n} = 0$ bzw. $\vec{x} \cdot \vec{n} = \vec{a} \cdot \vec{n}$. Wir erhalten somit direkt die Koordinatengleichung durch:

$$\text{E: } n_1 \cdot x + n_2 \cdot y + n_3 \cdot z = c \qquad \text{mit} \quad c = \vec{a} \cdot \vec{n}$$

Im Beispiel:

$$\vec{n} = \begin{pmatrix} 1 \\ -1 \\ 2 \end{pmatrix} \times \begin{pmatrix} 1 \\ -2 \\ 2 \end{pmatrix} = \begin{pmatrix} -2+4 \\ 2-2 \\ -2+1 \end{pmatrix} = \begin{pmatrix} 2 \\ 0 \\ -1 \end{pmatrix}$$

Wir könnten auch Vielfache dieses Normalenvektors verwenden (außer natürlich, wie immer, das Nullfache).

Damit ist E: $2x - z = c$ bis auf c bekannt. Setzen wir den Stützvektor $\vec{a} = \begin{pmatrix} -1 \\ 1 \\ 2 \end{pmatrix}$ ein, was $\vec{a} \cdot \vec{n}$ entspricht, ergibt sich c: $2 \cdot (-1) - 2 = c$, womit $c = -4$ ist und E: $2x - z = -4$.

Dies ist eine mögliche Lösung, denn E: $-2x + z = 4$ oder E: $4x - 2z = -8$ (d.h. das (-1)-fache oder das 2-fache) sind auch Lösungen bzw. mögliche Koordinatengleichungen von E.

2. Möglichkeit:
Der Normalenvektor $\vec{n}$ ist zu den beiden Richtungsvektoren orthogonal. Damit gilt

$$\vec{n} \cdot \begin{pmatrix} 1 \\ -1 \\ 2 \end{pmatrix} = 0 \text{ und } \vec{n} \cdot \begin{pmatrix} 1 \\ -2 \\ 2 \end{pmatrix} = 0 \; .$$

Hieraus ergeben sich 2 Gleichungen für 3 Unbekannte:

$$n_1 - n_2 + 2n_3 = 0$$

$$n_1 - 2n_2 + 2n_3 = 0$$

Damit ist $\vec{n}$ bis auf die Länge festgelegt. Wir eliminieren nun eine Unbekannte, z.B. n_1 durch Subtraktion der beiden Gleichungen. Wir erhalten $n_2 = 0$. Hier sind jetzt gleich 2 Variablen entfallen. Nun können wir eine der anderen beiden Variablen auf einen Wert setzen (nicht auf Null!), z.B. $n_3 = 1$. Falls nicht, wie in diesem Beispiel, gleich zwei Variablen entfallen, dann setzt man in der sich ergebenden Gleichung mit zwei Variablen eine auf einen Wert. Setzen wir nun die Werte für n_2 und n_3 in beispielsweise die oberste Gleichung ein, so ergibt sich $n_1 - 0 + 2 = 0$, womit $n_1 = -2$ ist. Wir haben nun einen Normalenvektor gefunden (einen, da er auch eine andere Länge haben könnte und somit auch Vielfache dieses Vektors Normalenvektoren sind):

$$\vec{n} = \begin{pmatrix} -2 \\ 0 \\ 1 \end{pmatrix}$$

Nun könnten wir – wie bei Möglichkeit 1 – vorgehen oder den Weg über die Normalform gehen. Wir verwenden den Stützvektor $\vec{a}$ der Parameterform erhalten die Normalengleichung:

$$E: \left(\vec{x} - \begin{pmatrix} -1 \\ 1 \\ 2 \end{pmatrix} \right) \cdot \begin{pmatrix} -2 \\ 0 \\ 1 \end{pmatrix} = 0$$

Ausmultiplizieren führt zur Koordinatenform:

$$\left(\vec{x} - \begin{pmatrix} -1 \\ 1 \\ 2 \end{pmatrix} \right) \cdot \begin{pmatrix} -2 \\ 0 \\ 1 \end{pmatrix} = 0 \Leftrightarrow \vec{x} \cdot \begin{pmatrix} -2 \\ 0 \\ 1 \end{pmatrix} = \begin{pmatrix} -1 \\ 1 \\ 2 \end{pmatrix} \cdot \begin{pmatrix} -2 \\ 0 \\ 1 \end{pmatrix} \Leftrightarrow -2x + z = 4$$

<u>3. Möglichkeit</u>: Mit der Ebenengleichung ergibt sich:

(1) $x = -1 + s + t$
(2) $y = 1 - s - 2t$
(3) $z = 2 + 2s + 2t$

Man kann zwei der obigen Gleichungen (wir wählen (1) und (2)) nach s und t auflösen:

(1) + (2) $x + y = -t$

Somit ist $t = -x - y$. In (1) einsetzen ergibt $x = -1 + s - x - y$ und somit $s = 2x + y + 1$.

Nun setzen wir dies in (3) ein:

$$z = 2 + 2(2x + y + 1) + 2(-x - y)$$

Damit ergibt sich E: $-2x + z = 4$.

Bemerkung:
Die Ebene E ist parallel zur y-Achse, da die y-Komponente nicht durch die Ebengleichung festgelegt ist, oder einfach gesagt, y in der Gleichung fehlt. F: $z = 4$ wäre parallel zur x- und zur y-Achse, d.h. parallel zur x-y-Ebene und schneidet bei $z = 4$ die z-Achse. Bei F erhalten wir beliebige Punkte (x; y; 4), wobei x und y frei wählbar sind.

Punktprobe Ebenen mit der Koordinatenform

Aufgabe 6:
Liegt P(1; 4; -2) in der Ebene E: $2x + 3y + z = 4$ und falls nicht, wie lautet eine Koordinatengleichung einer Ebene F, die parallel zu E ist und P enthält?

Wir setzen P in E ein: $2 \cdot 1 + 3 \cdot 4 + (-2) = 12 \neq 4$, also liegt P nicht in E.

F: $2x + 3y + z = 12$ wäre dann die zu E parallele Ebene, die P enthält.

Ebenengleichung in Koordinatenform / Normalform

Aufgabe 7:
Es soll die Normalengleichung von E in die Koordinatenform gebracht werden:

$$E: \left(\vec{x} - \begin{pmatrix} 1 \\ 2 \\ -1 \end{pmatrix} \right) \cdot \begin{pmatrix} -1 \\ 1 \\ 3 \end{pmatrix} = 0$$

Lösung:
Multipliziert man die obige Normalengleichung aus, so erhält man eine Koordinatengleichung der Ebene:

$$\left(\begin{pmatrix} x_1 \\ x_2 \\ x_3 \end{pmatrix} - \begin{pmatrix} 1 \\ 2 \\ -1 \end{pmatrix} \right) \cdot \begin{pmatrix} -1 \\ 1 \\ 3 \end{pmatrix} = 0 \quad \Leftrightarrow \quad \begin{pmatrix} x_1 \\ x_2 \\ x_3 \end{pmatrix} \cdot \begin{pmatrix} -1 \\ 1 \\ 3 \end{pmatrix} - \begin{pmatrix} 1 \\ 2 \\ -1 \end{pmatrix} \cdot \begin{pmatrix} -1 \\ 1 \\ 3 \end{pmatrix} = 0$$

Hier haben wir x_1, x_2 und x_3 für die Komponenten des Vektors $\vec{x}$ verwendet, wir können aber auch x, y und z verwenden. Es ergibt sich

$$-x_1 + x_2 + 3x_3 - (-1 + 2 - 3) = 0 \, ,$$

womit wir eine Gleichung von E in Koordinatenform erhalten:

$$E: \ -x_1 + x_2 + 3x_3 = -2$$

Bzw.:

$$E: \ -x + y + 3z = -2$$

Aufgabe 8:
Wie ist die Lage der Ebenen E_1: $x - y + 2z = 8$, E_2: $2x - 2y + 4z = 16$, E_3: $2x - 2y + 4z = 10$ und E_4: $5x - 2y + 5z = 1$ zueinander?

Lösung:
Die beiden Ebenen

$$E_1: x - y + 2z = 8 \ \text{ und } \ E_2: 2x - 2y + 4z = 16$$

sind identisch (sie sind Vielfache und damit äquivalent), während

$$E_3: 2x - 2y + 4z = 10$$

parallel zu beiden Ebenen E_1 und E_2 ist. Die Ebene

$$E_4: 5x - 2y + 5z = 1$$

wäre weder parallel zu den Ebenen E_1 bis E_3 noch identisch mit einer von diesen, denn der Normalenvektor

$$\vec{n}_4 = \begin{pmatrix} 5 \\ -2 \\ 5 \end{pmatrix}$$

dieser Ebene ist kein Vielfaches der Normalenvektoren der anderen Ebenen (was wir direkt am Vergleich der linken Seiten der Normalengleichungen oben sehen können).

Aufgabe 9:
E: $2x - y + z = 4$, gegeben als Koordinatenform, soll in die Normalform umgeformt werden:

Lösung:
Der Normalenvektor kann einfach abgelesen werden:

$$\vec{n} = \begin{pmatrix} 2 \\ -1 \\ 1 \end{pmatrix}$$

Einen Punkt in der Ebene E finden wir schnell, denn dieser muss die Koordinatengleichung erfüllen und wir können einfach zwei Komponenten festlegen. Setzt man z.B. $y = 0$ und $z = 0$, so ergibt sich $2x = 4$ und $x = 2$. Somit wäre $P(2; 0; 0)$ ein Punkt der Ebene und wir haben eine Normalform von E:

$$E: \left(\vec{x} - \begin{pmatrix} 2 \\ 0 \\ 0 \end{pmatrix} \right) \cdot \begin{pmatrix} 2 \\ -1 \\ 1 \end{pmatrix} = 0$$

Koordinatenform in Parameterform

Aufgabe 10:
Gesucht wird eine Parameterform der folgenden Ebene:

$$E: 2x - 4y + 2z = 8$$

Lösung :
Wir lösen die Gleichung nach einer Variablen auf, z.B. nach x:

$$2x = 8 + 4y - 2z \qquad | :2$$
$$x = 4 + 2y - z$$

Nun setzen wir die anderen beiden Variablen auf Parameter, z.B. y = r und z = s:

$$x = 4 + 2r - s$$
$$y = r$$
$$z = s$$

Damit haben wir bereits eine Parameterform, wir müssen die oberen drei Gleichungen nur in Vektor-Form schreiben:

$$E: \quad \vec{x} = \begin{pmatrix} 4 \\ 0 \\ 0 \end{pmatrix} + r \cdot \begin{pmatrix} 2 \\ 1 \\ 0 \end{pmatrix} + s \cdot \begin{pmatrix} -1 \\ 0 \\ 1 \end{pmatrix}$$

Alternativ hätten auch drei Punkte in E bestimmt werden können, z.B. A(4; 0; 0), B(0; -2; 0) und C(0; 0; 4) (erfüllen alle die Gleichung E: 2x − 4y + 2z = 8).
Je nachdem, wie hier vorgegangen wird, kann die Parameterform aus ganz anderen Vektoren bestehen, beschreibt aber trotzdem dieselbe Ebene. Es gibt beliebig viele Möglichkeiten zur Darstellung einer Ebenen in Parameterform, denn der Stützvektor kann ein Ortsvektor eines beliebigen Punktes in E sein (durch einsetzen von Werte für r und s finden wir beliebig viele neue Stützvektoren). Neue Richtungsvektoren können beliebig über Linearkombinationen aus den gegebenen Richtungsvektoren bestimmt werden. Z.B. würde durch die Addition des 2-fachen des ersten Richtungsvektors zum 5-fachen des zweiten Richtungsvektors ein neuer Richtungsvektor bestimmt werden. Somit können zwei Ebenengleichungen in Parameterform ganz anders aussehen, beschreiben aber dieselbe Ebene. In Koordinatenform können es praktisch nur Vielfache der Gleichungen sein, womit schneller erkennbar ist, ob zwei verschieden aussehende Koordinatengleichungen dieselbe Ebene beschreiben (wie bei der Lösung zur Aufgabe 8 zu sehen ist).

Aufgabe 11:
Beschreibe die Lage der Ebenen

    a) E: z=0
    b) E: -x + y = 4

Lösung:
    a) Diese Ebene ist mit der x-y-Ebene identisch, denn z = 0 und x und y sind beliebig. Damit wäre z.B. P(1; 2; 0) ein Punkt dieser Ebene. F: z = 1 wäre eine zu E parallele Ebene. F ist parallel zur x-y-Ebene und hat zu dieser den Abstand 1. Z.B. ist Q(1; 2; 1) ein Punkt dieser Ebene, oder R(0; 0; 1).

    b) Bei Punkten dieser Ebene ist die z-Komponente beliebig, nur zwischen der x- und y-Komponente muss die Beziehung −x + y = 4 bestehen. Diese Ebene ist somit parallel zur z-Achse.

Schnittpunkt und Schnittwinkel einer Ebenen mit einer Geraden

Aufgabe 12:

Gesucht wird der Schnittpunkt und Schnittwinkel von

$$g:\ \vec{x} = \begin{pmatrix} 1 \\ 0 \\ -6 \end{pmatrix} + r \cdot \begin{pmatrix} 2 \\ -2 \\ 4 \end{pmatrix} \quad \text{und } E: 2x + 2y + z = 4$$

Lösung:

Mit der Gleichung von g ergibt sich:

$$\begin{aligned} x &= 1 + 2r \\ y &= -2r \\ z &= -6 + 4r \end{aligned}$$

In E eingesetzt ergibt sich:

$$2(1 + 2r) + 2(-2r) - 6 + 4r = 4$$

$$2 + 4r - 4r - 6 + 4r = 4$$

Somit ist r = 2 und es gibt einen Schnittpunkt. Wäre r komplett entfallen und es würde sich z.B. 4 = 4 ergeben, so hätte g in E gelegen. Hätte sich z.B. 0 = 4 ergeben, so wäre g parallel zu E gewesen. Solche Spezialfälle ergeben sich, wenn der Richtungsvektor der Geraden orthogonal zum Normalenvektor der Ebene ist. Wir können nun den Schnittpunkt S bestimmen, wenn wir r = 2 in die Gleichung für g einsetzen:

$$\overrightarrow{OS} = \begin{pmatrix} 1 \\ 0 \\ -6 \end{pmatrix} + 2 \cdot \begin{pmatrix} 2 \\ -2 \\ 4 \end{pmatrix} = \begin{pmatrix} 5 \\ -4 \\ 2 \end{pmatrix} \Rightarrow S(5;\ -4;\ 2)$$

Wir bestimmen den Schnittwinkel zwischen der Ebene E und der Geraden g, womit wir den Richtungsvektor $\vec{v}$ der Geraden und den Normalenvektor $\vec{n}$ der Ebene verwenden. Es gilt für den Schnittwinkel φ (und nur bei dem Schnittwinkel zwischen einer Geraden und einer Ebenen, wird der Sinus verwendet, siehe http://mathe-total.de/LA-Skript/AG-Ebenen.pdf auf S. 41 (10)):

$$\sin(\varphi) = \frac{|\vec{n} \cdot \vec{v}|}{|\vec{n}| \cdot |\vec{v}|}$$

$$\vec{v} = \begin{pmatrix} 2 \\ -2 \\ 4 \end{pmatrix},\ \vec{n} = \begin{pmatrix} 2 \\ 2 \\ 1 \end{pmatrix},\ \vec{n} \cdot \vec{v} = 4 - 4 + 4 = 4,\ |\vec{n}| = \sqrt{4 + 4 + 16} = \sqrt{24},\ |\vec{v}| = \sqrt{4 + 4 + 1} = 3,$$

somit ist $\sin(\varphi) = \dfrac{4}{\sqrt{24} \cdot 3} \Rightarrow \varphi \approx 15{,}79°$.

Spurpunkte bei Ebenen

Aufgabe 13:
Es sollen die Spurpunkte (Schnittpunkte mit den Koordinatenachsen) von

$$E: 2x + 4y + 3z = 12$$

bestimmt werden.

Lösung:
Für die Berechnung des Schnittpunktes mit der x-Achse S_x muss man $y = 0$ und $z = 0$ setzen:

$$2x \qquad = 12$$

Damit wäre $x = 6$ und $S_x(6; 0; 0)$. Analog ergibt sich $S_y(0; 3; 0)$ und $S_z(0; 0; 4)$.

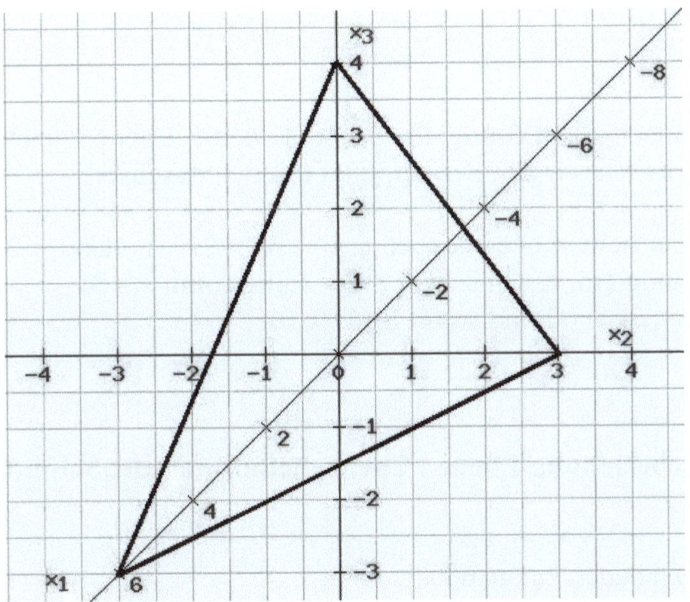

Dividiert man die Ebenengleichung durch die Zahl auf der rechten Seite (wenn diese von Null verschieden ist, sonst würden alle Spurpunkte im Ursprung liegen), so erhält man die Achsenabschnittsform, an der alle Spurpunkte abgelesen werden können:

$$2x + 4y + 3z = 12 \mid :12$$

$$x/6 + y/3 + z/4 = 1$$

Wäre die Ebene $E: 2x + y = 4$ gegeben, so gäbe es keinen Schnittpunkt mit der z-Achse, da die Ebene parallel zu dieser verläuft. Wenn die Ebene in Parameterform gegeben ist, dann muss für jeden Spurpunkt ein Gleichungssystem gelöst werden, oder man müsste diese in die Koordinatenform umrechnen, was u. U. weniger aufwändig wäre.

In Aufgabe 13 wird gezeigt, wie ein Spurpunkt mit der Parameterform berechnet werden kann.

Aufgabe 13:
Es soll der Schnittpunkt von

$$E: \bar{x} = \begin{pmatrix} -2 \\ 1 \\ 1 \end{pmatrix} + s \cdot \begin{pmatrix} 1 \\ -1 \\ 1 \end{pmatrix} + t \cdot \begin{pmatrix} 1 \\ 1 \\ -2 \end{pmatrix}$$

mit der x-Achse bestimmt werden.

Lösung:
Wenn wir den Schnittpunkt mit der x-Achse direkt berechnen wollen, müssen wir die y- und z-Komponenten Null setzen und somit das Gleichungssystem

$$0 = 1 - s + t \qquad \Leftrightarrow \qquad -1 = -s + t$$
$$0 = 1 + s - 2t \qquad \Leftrightarrow \qquad -1 = s - 2t$$

lösen. Setzt wir danach die Lösung für s und t in die Ebenengleichung ein (bzw. nur in x = -2 + s + t), so erhalten wir den Schnittpunkt mit der x-Achse.

Über die Addition der beiden Gleichungen ergibt sich -2 = -t, also t = 2. Setzen wir t = 2 z. B. in die zweite Gleichung ein, ergibt sich -1 = s – 4 und somit s = 3.
Damit ist x = -2 + 3 + 2· 1 = 3 und somit $S_x(3; 0; 0)$

Lagebeziehung Ebene / Ebene, Schnittgerade, Schnittwinkel

Aufgabe 14:
Wie ist die Lage der Ebenen zueinander?

a) E: x + y + 2z = 8
   F: x + y + 2z = 10

b) E: x + y + 2z = 8
   F: 2x + 2y + 4z = 16

c) E: x + y + 2z = 8
   F: x + 2y + 4z = 10

Lösung:
   a) Die beiden Ebenen sind parallel, denn die linke Seite der Ebenengleichung ist identisch, womit die Normalenvektoren identisch sind, aber die rechte Seite unterscheidet sich.

   b) Die beiden Ebenen sind identisch, denn die Gleichungen sind Vielfache voneinander.

c) Die beiden Ebenen sind weder parallel noch identisch, denn die Normalvektoren sind keine Vielfachen voneinander. Die beiden Ebenen scheiden sich in einer Schnittgeraden.

Aufgabe 15:
Bestimme die Gleichung der Schnittgeraden und den Schnittwinkel der Ebenen
$E: x + y + 2z = 8$
$F: x + 2y + 4z = 10$

Lösung :
Wir eliminieren x und subtrahieren die bedien Ebenengleichungen:

$$-y - 2z = -2$$

Nun setzen wir z.B. $z = t$ und lösen obige Gleichung nach y auf:

$$-y - 2t = -2$$

$$y = -2t + 2$$

Nun können wir $z = t$ und $y = -2t + 2$ entweder in die Gleichung von E oder in die von F einsetzen. Wir wählen E und erhalten:

$$x + (-2t + 2) + 2t = 8$$

Somit ist $x = 6$ und wir haben eine Gleichung der Schnittgeraden g gefunden:

$$x = 6$$
$$y = 2 - 2t$$
$$z = t$$

Somit ist

$$g: \bar{x} = \begin{pmatrix} 6 \\ 2 \\ 0 \end{pmatrix} + t \cdot \begin{pmatrix} 0 \\ -2 \\ 1 \end{pmatrix}.$$

Um den Schnittwinkel der beiden Ebenen bestimmen zu können, muss man den Winkel zwischen den Normalenvektoren $\bar{n}_E$ und $\bar{n}_F$ bestimmen. Da sich, je nachdem wie die Richtungsvektoren stehen, auch ein Winkel α größer als 90° zwischen den Normalenvektoren ergeben kann, so gibt man in diesem Fall 180° - α als Schnittwinkel an, oder man verwendet den Betrag des Skalarproduktes bei der Winkelberechung (wie beim Schnittwinkel zwischen zwei Geraden.

Für den Schnittwinkel m gilt:

$$\cos(\varphi) = \frac{\left| \bar{n}_E \cdot \bar{n}_F \right|}{\left| \bar{n}_E \right| \cdot \left| \bar{n}_F \right|}$$

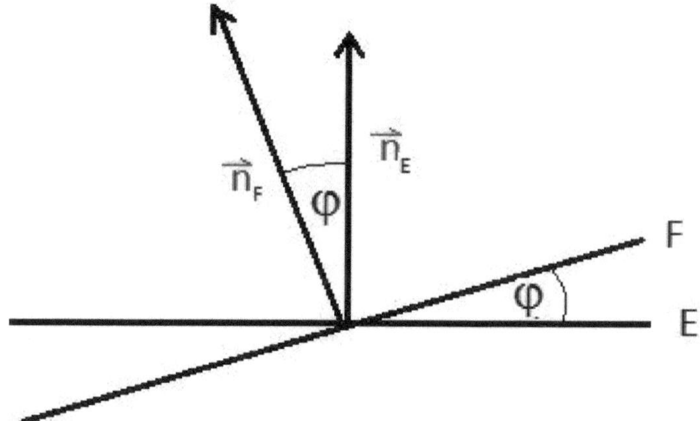

Hier gilt:

$$\vec{n}_E = \begin{pmatrix} 1 \\ 1 \\ 2 \end{pmatrix},\ \vec{n}_F = \begin{pmatrix} 1 \\ 2 \\ 4 \end{pmatrix},\ \cos(\varphi) = \frac{|1 + 2 + 8|}{\sqrt{1+1+4} \cdot \sqrt{1+4+16}} \Rightarrow \varphi \approx 11.49°$$

Aufgabe 16:
Bestimme die Schnittgerade der Ebenen E und F.

E: x - 2y + z = 8

$$F:\ \vec{x} = \begin{pmatrix} 1 \\ 1 \\ 0 \end{pmatrix} + s \cdot \begin{pmatrix} 2 \\ 1 \\ 1 \end{pmatrix} + t \cdot \begin{pmatrix} 1 \\ 1 \\ 2 \end{pmatrix}$$

Lösung:
Mit F erhält man

$$\begin{aligned} x &= 1 + 2s + t \\ y &= 1 + s + t \\ z &= \quad\ \ s + 2t \end{aligned}$$

und diese in die Gleichung von E eingesetzt ergibt:

$$1 + 2s + t - 2(1 + s + t) + s + 2t = 8$$

$$-1 + s + t = 8$$

Lösen wir nach z.B. die Gleichung nach s auf, so erhalten wir s = 9 - t. Setzen wir dies in F ein, so erhalten wir eine Gleichung der Schnittgeraden:

$$g:\ \bar{x} = \begin{pmatrix} 1 \\ 1 \\ 0 \end{pmatrix} + (9-t)\cdot \begin{pmatrix} 2 \\ 1 \\ 1 \end{pmatrix} + t\cdot \begin{pmatrix} 1 \\ 1 \\ 2 \end{pmatrix} = \begin{pmatrix} 1 \\ 1 \\ 0 \end{pmatrix} + \begin{pmatrix} 18 \\ 9 \\ 9 \end{pmatrix} + t\cdot \begin{pmatrix} -2 \\ -1 \\ -1 \end{pmatrix} + t\cdot \begin{pmatrix} 1 \\ 1 \\ 2 \end{pmatrix} = \begin{pmatrix} 19 \\ 10 \\ 9 \end{pmatrix} + t\cdot \begin{pmatrix} -1 \\ 0 \\ 1 \end{pmatrix}$$

HNF, Abstand Punkt/Ebene, Lotfußpunkt

Aufgabe 17:
Es soll der Abstand der Ebene E: $2x - 2y + z = 12$ vom Punkt P(1; 0; 1) bestimmt werden.

Lösung:
Der Normalenvektor

$$\bar{n} = \begin{pmatrix} 2 \\ -2 \\ 1 \end{pmatrix}$$

kann wie immer einfach an der Koordinatenform abgelesen werden. Wir bestimmen dessen Länge:

$$|\bar{n}| = \sqrt{4+4+1} = 3$$

Als nächstes dividieren wir die Gleichung von E durch die Länge des Normalvektors:

$$E:\ 2/3x - 2/3y + 1/3z = 4$$

Wenn die rechte Seite negativ wäre, so wird die Gleichung bei der Bestimmung der HNF mit -1 multipliziert. Auf der rechten Seite steht nun der Abstand der Ebene vom Ursprung (hier 4 LE). Subtrahieren wir noch 4 auf beiden Seiten, so dass man auf der rechten Seite eine Null erhält, so ergibt sich durch

$$E:\ 2/3x - 2/3y + 1/3z - 4 = 0$$

die HNF als Koordinatengleichung. Von einer Normalform ausgehend würde sich folgende Gleichung in vektorieller Form ergeben (für die Umwandlung in Normalform wurde ein Punkt von E benötigt, den wir erhalten, falls wir beispielsweise y = z = 0 setzen, womit wir (6; 0; 0) als Punkt von E erhalten):

$$E:\ \left(\bar{x} - \begin{pmatrix} 6 \\ 0 \\ 0 \end{pmatrix} \right) \cdot \begin{pmatrix} 2/3 \\ -2/3 \\ 1/3 \end{pmatrix} = 0$$

Der Abstand d(P, E) eines Punktes P(x; y; z) von E ergibt sich über:

$$d(P, E) = \left\| \left(\bar{x} - \begin{pmatrix} 6 \\ 0 \\ 0 \end{pmatrix} \right) \cdot \begin{pmatrix} 2/3 \\ -2/3 \\ 1/3 \end{pmatrix} \right\| = \left| 2/3x - 2/3y + 1/3z - 4 \right|$$

Für den Punkt P(1; 0; 1) gilt dann:

$$d(P, E) = \left| 2/3 \cdot 1 - 2/3 \cdot 0 + 1/3 \cdot 1 - 4 \right| = \left| -3 \right| = 3$$

Allgemein ergibt sich somit der Abstand einer eines Punktes P zur Ebene E: $n_1 \cdot x + n_2 \cdot y + n_3 \cdot z = c$ durch das Einsetzen des Punktes in

$$d = \left| \frac{n_1 \cdot x + n_2 \cdot y + n_3 \cdot z - c}{\sqrt{n_1{}^2 + n_2{}^2 + n_3{}^2}} \right|$$

Eine weitere Möglichkeit zur Bestimmung des Abstandes eines Punktes von einer Ebene ist die folgende: Man konstruiert eine Hilfsgerade g, die den Punkt P als Stützvektor verwendet und den Normalenvektor der Ebene als Richtungsvektor. Damit ist die Hilfsgerade senkrecht zur Ebene und der Schnittpunkt der Geraden mit der Ebene ist der Lotfußpunkt F. Der Abstand von P und F ist dann wieder der Abstand der Ebene zum Punkt. Dieses Verfahren kann man auch anwenden, wenn ein Punkt an einer Ebene gespiegelt werden soll, oder wenn man eine Gerade in eine Ebene projizieren möchte.

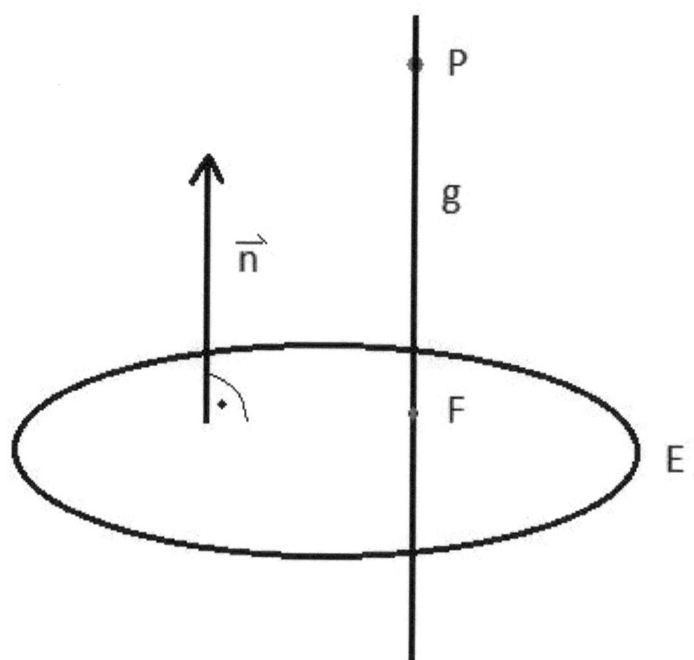

Die Hilfsgerade ist:

$$g: \bar{x} = \overrightarrow{OP} + t \cdot \bar{n} = \begin{pmatrix} 1 \\ 0 \\ 1 \end{pmatrix} + t \cdot \begin{pmatrix} 2 \\ -2 \\ 1 \end{pmatrix}$$

Wir setzen x = 1 + 2t, y = -2t und z = 1 + t in E ein:

$$2(1 + 2t) - 2(-2t) + 1 + t = 12$$

$$2 + 4t + 4t + 1 + t = 12$$

Somit ist t = 1. In die Gleichung von g eingesetzt, ergibt sich der Ortsvektor des Lotfußpunktes:

$$\overrightarrow{OF} = \begin{pmatrix} 1 \\ 0 \\ 1 \end{pmatrix} + 1 \cdot \begin{pmatrix} 2 \\ -2 \\ 1 \end{pmatrix} = \begin{pmatrix} 3 \\ -2 \\ 2 \end{pmatrix}$$

Wir bestimmen den Vektor $\overrightarrow{PF}$ und dessen Länge:

$$\overrightarrow{PF} = \overrightarrow{OF} - \overrightarrow{OP} = \begin{pmatrix} 2 \\ -2 \\ 1 \end{pmatrix}, \quad \left|\overrightarrow{PF}\right| = \sqrt{4+4+1} = 3 \, .$$

Nun wollen wir noch zum Schluss den Punkt P an der Ebene E spiegeln:

$$\overrightarrow{OP'} = \overrightarrow{OP} + 2 \cdot \overrightarrow{PF} = \overrightarrow{OF'} + \overrightarrow{PF} = \begin{pmatrix} 5 \\ -4 \\ 3 \end{pmatrix}$$

Also ergibt sich der gespiegelte Punkt $P'(5; -4; 3)$.

Bemerkung:
Soll der Abstand einer Geraden zu einer Ebenen bestimmt werden, so kann der Abstand der Geraden zur Ebene nur ungleich Null sein, wenn die Gerade parallel zur Ebene ist. In diesem Fall muss nur der Abstand eines Punktes der Geraden zur Ebene bestimmt werden, z.B. der Abstand des Punktes, dessen Ortsvektor der Stützvektor ist.

Anwendungsaufgabe zur Vektorrechnung

Ein U-Boot fährt von A(90; 10; -100) nach B(100; -40; -300) auf einem Weg, der durch eine Gerade g beschrieben werden kann. Ziel ist der Punkt P auf dem Meerboden. Der Meeresboden hat die Form einer Ebene E, die durch die Punkte Q(600; -900; -200), R(200; -800; -400) und S(400; -700; -600) verläuft. Der Einfachheit halber gehen wir von einem punktförmigen U-Boot aus. Alle Angaben sind in Metern gegeben.

a) Es soll eine Gleichung der Geraden g bestimmt und gezeigt werden, dass P(152; -308; -1384) nicht ohne Kursänderung erreicht werden kann.

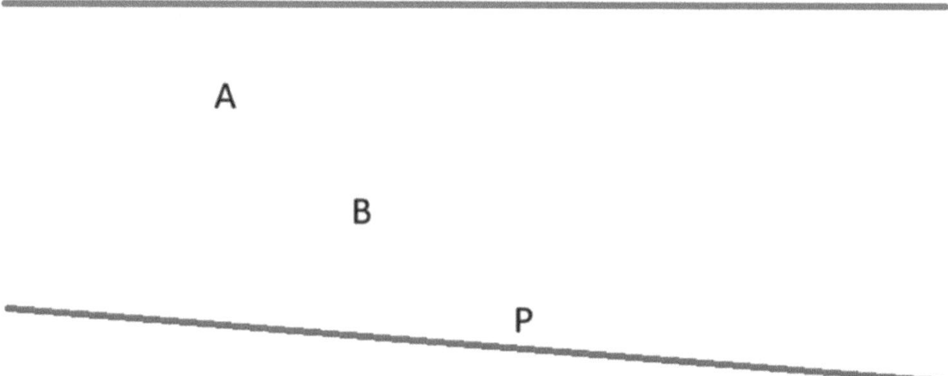

b) Es soll gezeigt werden, dass der Punkt P sich auf dem Meeresboden befindet, der durch die Ebene E beschrieben wird. Dazu soll die Ebene in Koordinatenform bestimmt werden.

c) Wo trifft das U-Boot ohne Kursänderung auf dem Meeresboden auf und welchen Abstand hätte es dann zum Punkt P?

d) Das U-Boot nimmt erst Kurs in Richtung P auf dem Meeresboden auf und steigt dann von P aus in gerader Richtung $\vec{v} = \begin{pmatrix} 1 \\ 2 \\ 20 \end{pmatrix}$ nach oben. Wie lautet die Gleichung der Geraden h, die den Weg des U-Bootes nach oben beschreibt?

e) Die Wasseroberfläche wird durch die x-y-Ebene beschrieben. Wo taucht das U-Boot auf?

f) Ein Fischer hat kurz vor der Aufstiegsfahrt des U-Bootes ein Netz gelegt, dass durch die Ebene F: -2x + y = 1000 beschrieben werden kann. Es soll gezeigt werden, dass das U-Boot nicht das Netz auf seinem in d) beschriebenen Weg nach oben trifft.

g) Was wird mit

$$\sin(\alpha) = \frac{\left| \begin{pmatrix} 1 \\ 2 \\ 20 \end{pmatrix} \cdot \begin{pmatrix} 0 \\ 0 \\ 1 \end{pmatrix} \right|}{\left| \begin{pmatrix} 1 \\ 2 \\ 20 \end{pmatrix} \right| \cdot \left| \begin{pmatrix} 0 \\ 0 \\ 1 \end{pmatrix} \right|}$$

berechnet?

Lösungen:

Ein U-Boot fährt von A(90; 10; -100) nach B(100; -40; -300) auf einem Weg, der durch eine Gerade g beschrieben werden kann. Ziel ist der Punkt P auf dem Meerboden. Der Meeresboden hat die Form einer Ebene E, die durch die Punkte Q(600; -900; -200), R(200; -800; -400) und S(400; -700; -600) verläuft.

a) Es soll eine Gleichung der Geraden g bestimmt und gezeigt werden, dass P(152; -308; -1384) nicht ohne Kursänderung erreicht werden kann.

$$g: \vec{x} = \overrightarrow{0A} + r \cdot \overrightarrow{AB} \quad \text{mit} \quad \overrightarrow{AB} = \overrightarrow{0B} - \overrightarrow{A0}.$$

$$g: \vec{x} = \begin{pmatrix} 90 \\ 10 \\ -100 \end{pmatrix} + r \cdot \begin{pmatrix} 100 & -90 \\ -40 & -10 \\ -300-(-100) \end{pmatrix}$$

$$g: \vec{x} = \begin{pmatrix} 90 \\ 10 \\ -100 \end{pmatrix} + r \cdot \begin{pmatrix} 10 \\ -50 \\ -200 \end{pmatrix}$$

Wir prüfen mit der Punktprobe, ob P auf g liegt:

$$\begin{pmatrix} 152 \\ -308 \\ -1384 \end{pmatrix} = \begin{pmatrix} 90 \\ 10 \\ -100 \end{pmatrix} + r \cdot \begin{pmatrix} 10 \\ -50 \\ -200 \end{pmatrix}$$

Wir müssten nur prüfen, ob sich bei den drei Gleichungen derselbe Wert für r ergibt:

152 = 90 + 10r ergibt r = 31/5

-308 = 10 - 50r ergibt r = 159/25

Damit brauchen wir die dritte Gleichung nicht aufzulösen, denn es ergaben sich zwei verschiedene Werte für r, womit P nicht auf der Geraden g liegt. Damit wird P nicht ohne Kursänderung erreicht.

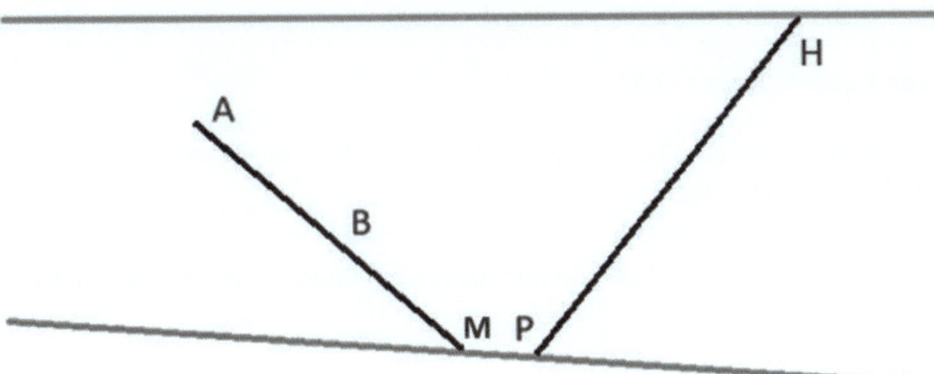

b) Es soll gezeigt werden, dass sich der Punkt P auf dem Meeresboden befindet, der durch die Ebene E beschrieben wird. Dazu soll die Ebene in Koordinatenform bestimmt werden.

Wir bestimmen erst eine Parametergleichung der Ebene E durch die Punkte Q(600; -900; -200), R(200; -800; -400) und S(400; -700; -600):

$$E: \vec{x} = \overrightarrow{0Q} + s \cdot \overrightarrow{QR} + t \cdot \overrightarrow{QS} \quad \text{mit} \quad \overrightarrow{QR} = \overrightarrow{0R} - \overrightarrow{0Q} \text{ und } \overrightarrow{QS} = \overrightarrow{0S} - \overrightarrow{0Q}.$$

$$E: \vec{x} = \begin{pmatrix} 600 \\ -900 \\ -200 \end{pmatrix} + s \cdot \begin{pmatrix} 200 - 600 \\ -800 + 900 \\ -400 + 200 \end{pmatrix} + t \cdot \begin{pmatrix} 400 - 600 \\ -700 + 900 \\ -600 + 200 \end{pmatrix}$$

$$E: \vec{x} = \begin{pmatrix} 600 \\ -900 \\ -200 \end{pmatrix} + s \cdot \begin{pmatrix} -400 \\ 100 \\ -200 \end{pmatrix} + t \cdot \begin{pmatrix} -200 \\ 200 \\ -400 \end{pmatrix}$$

Wir bestimmen den Normalenvektor mit dem Vektorpudukt bzw. Kreuzprodukt (siehe
https://mathe-total.de/LA-Skript/AG-Ebenen.pdf S. 37):

$$\vec{n} = \begin{pmatrix} -400 \\ 100 \\ -200 \end{pmatrix} \times \begin{pmatrix} -200 \\ 200 \\ -400 \end{pmatrix} = \begin{pmatrix} 100 \cdot (-400) - (-200) \cdot 200 \\ -200 \cdot (-200) - (-400) \cdot (-400) \\ -400 \cdot 200 - 100 \cdot (-200) \end{pmatrix} = \begin{pmatrix} 0 \\ -120.000 \\ -60.000 \end{pmatrix}$$

Wir hätten auch Vielfache (hier das 1/100 – fache und das 1/200 – fache) der Richtungsvektoren der
Ebene E verwenden können, um vorweg schon betragsmäßig kleinere Zahlen zu erhalten:

$$\begin{pmatrix} -4 \\ 1 \\ -2 \end{pmatrix} \times \begin{pmatrix} -1 \\ 1 \\ -2 \end{pmatrix}$$

Wir multiplizieren den Normalenvektor von oben mit dem Faktor -1/60.000 und verwenden:

$$\vec{n} = -\frac{1}{60.000} \begin{pmatrix} 0 \\ -120.000 \\ -60.000 \end{pmatrix} = \begin{pmatrix} 0 \\ 2 \\ 1 \end{pmatrix}$$

Wir setzen den Normalenvektor in $n_1 x + n_2 y + n_3 z = d$ ein und erhalten

$$E: 2y + z = d.$$

Wir setzen einen Punkt von E ein, um d zu berechnen, z.B. Q:

$$2 \cdot (-900) + (-200) = d, \text{ also } d = -2000$$

Eine Koordinatenform von E lautet: 2y + z = -2000

Wir setzten P(152; -308; -1384) ein und erhalten: 2·(-308) - 1384 = -2000 (was richtig ist).
P liegt in E und somit auf dem Meeresboden.

c) Wo trifft das U-Boot ohne Kursänderung auf dem Meeresboden auf und welchen Abstand hätte es
dann zum Punkt P?

Wir berechnen den Schnittpunkt von g mit E, indem wir die Gleichung von g in E einsetzen:

$$g: \vec{x} = \begin{pmatrix} 90 \\ 10 \\ -100 \end{pmatrix} + r \cdot \begin{pmatrix} 10 \\ -50 \\ -200 \end{pmatrix} \Leftrightarrow \begin{cases} x = 90 + 10r \\ y = 10 - 50r \\ z = -100 - 200r \end{cases}$$

In E eingesetzt ergibt sich: $2 \cdot (10 - 50r) + (-100 - 200r) = -2000 \Leftrightarrow -80 - 300r = -2000$

Damit ist r = 32/5 = 6,4. Diesen Wert setzen wir in die Parametergleichung von g ein und erhalten den Punkt auf dem Meeresboden M am vorläufigen Ende der Tauchfahrt:

$$\overrightarrow{OM} = \begin{pmatrix} 90 \\ 10 \\ -100 \end{pmatrix} + 6{,}4 \cdot \begin{pmatrix} 10 \\ -50 \\ -200 \end{pmatrix} = \begin{pmatrix} 154 \\ -310 \\ -1380 \end{pmatrix}$$

Also ist M(154; -310; -1380).

Abstand M und P: $|\overrightarrow{PM}| = \left\| \begin{pmatrix} 154 \\ -310 \\ -1380 \end{pmatrix} - \begin{pmatrix} 152 \\ -308 \\ -1384 \end{pmatrix} \right\| = \left\| \begin{pmatrix} 2 \\ -2 \\ 4 \end{pmatrix} \right\| = \sqrt{2^2 + (-2)^2 + 4^2} \approx 4{,}9$

Also ergibt sich ein Abstand von ca. 4,9m.

d) Das U-Boot nimmt erst Kurs in Richtung P auf dem Meeresboden auf und steigt dann von P aus in gerader Richtung $\vec{v} = \begin{pmatrix} 1 \\ 2 \\ 20 \end{pmatrix}$ nach oben. Hier ist die Gleichung der Geraden h, die den Weg des U-Boots nach oben beschreibt:

$$h: \vec{x} = \overrightarrow{OP} + t \cdot \vec{v} = \begin{pmatrix} 152 \\ -308 \\ -1384 \end{pmatrix} + t \cdot \begin{pmatrix} 1 \\ 2 \\ 20 \end{pmatrix}$$

e) Die Wasseroberfläche wird durch die x-y-Ebene beschrieben. Wo taucht das U-Boot auf?

Oberfläche: z = 0. Wir setzen die Gleichung von h ein und erhalten -1384 + 20t = 0.

Also ist t = 346/5 = 69,2. In h eingesetzt ergibt sich der Punkt H, in dem das U-Boot auf die Wasseroberfläche trifft:

$$\overrightarrow{OH} = \begin{pmatrix} 152 \\ -308 \\ -1384 \end{pmatrix} + 346/5 \cdot \begin{pmatrix} 1 \\ 2 \\ 20 \end{pmatrix} = \begin{pmatrix} 221{,}1 \\ -169{,}6 \\ 0 \end{pmatrix}$$

Also ist H(221,1; -169,6; 0).

f) Ein Fischer hat kurz vor der Aufstiegsfahrt des U-Bootes ein Netz gelegt, dass durch die Ebene F: -2x + y = 1000 beschrieben werden kann. Es soll gezeigt werden, dass das U-Boot nicht das Netz auf seinem in d) beschriebenen Weg nach oben trifft.

Wir zeigen, dass die Gerade h, die den Auftauchvorgang beschreibt, parallel zu F ist. Auch wenn F nicht parallel zu h wäre, gäbe es die Möglichkeit, dass das U-Boot trotzdem nicht auf das Netz trifft, wenn der Schnittpunkt sich z > 0 ergeben würde, also über dem Wasser oder wenn dieser unter dem Meeresboden läge, was hier aber nicht der Falls ist.

Wir setzen die Gleichung von h (x = 152 + t, y = -308 + 2t, z = -1384 + 20t) in F ein:
-2(152 + t) + (-308 + 2t) = 1000 $\Leftrightarrow$ -304 − 2t − 308 + 2t = 1000 $\Leftrightarrow$ -612 = 1000 (Widerspruch)
Das U-Boot fährt parallel zum Netz nach oben.

g) Was wird mit

$$\sin(\alpha) = \frac{\left| \begin{pmatrix} 1 \\ 2 \\ 20 \end{pmatrix} \cdot \begin{pmatrix} 0 \\ 0 \\ 1 \end{pmatrix} \right|}{\left| \begin{pmatrix} 1 \\ 2 \\ 20 \end{pmatrix} \right| \cdot \left| \begin{pmatrix} 0 \\ 0 \\ 1 \end{pmatrix} \right|}$$

berechnet?

Der Sinus wird bei der Berechnung des Schnittwinkels zwischen einer Ebene und einer Geraden verwendet (siehe https://mathe-total.de/LA-Skript/AG-Ebenen.pdf S. 41), mit dem Kosinus müsste der Winkel erst noch von 90° subtrahiert werden. Bei zwei Geraden oder zwei Ebenen wird, wie üblich, der Konsinus verwenden. Oben steht im Zähler der Betrag des Skalarprodukte des Richtungsvektors der Aufstiegsrichtung mit dem Normalenvektor der Wasseroberflächen-Ebene (welche die Koordinatengleichung z = 0 hat). Berechnet wird damit der Schnittwinkel der Geraden h und der Wasseroberfläche, also der Winkel, mit dem das U-Boot auf dem Weg nach oben auf die Wasseroberfläche trifft.

Anwendungsaufgaben zur Vektorrechnung (Abstände bestimmen)

1) a) Ein Flugzeug fliegt von A(4; 2; 5) nach B(12; 6; 10). In S(10; 10; 4,75) befindet sich die Spitze eines Berges. Wie weit fliegt das Flugzeug an dieser vorbei (minimaler Abstand)?

b) Ein Ballon fliegt durch Koordinaten C(13,2; 18,6; 19) und D(3,2; -1,4; 9). Wie nahe könnte theoretisch das Flugzeug dem Ballon kommen (theoretischer minimaler Abstand; dieser muss aber nicht dem tatsächlichen minimalen Abstand entsprechen, da die Zeit hier auch eine Rolle spielt und mit den obigen Angaben nur der minimale Abstand der Flugbahnen bestimmt werden kann)?

c) Die Ebene E: x − 2y = 4 beschreibt eine Nebelwand.
(i) Wie ist die Lage der Nebelwand zur Flugbahn des Flugzeuges?
(ii) Welchen Abstand hat das Flugzeug zur Nebelwand?

2) Zwei Flugzeuge fliegen in gerader Richtung. Die Flugbahn des ersten Flugzeuges lässt sich durch die Gerade

$$f_1: \vec{x} = \begin{pmatrix} 2 \\ 2 \\ 3 \end{pmatrix} + t \cdot \begin{pmatrix} 3 \\ 4 \\ 0,1 \end{pmatrix}$$

und die des zweiten Flugzeuges durch die Gerade

$$f_2: \vec{x} = \begin{pmatrix} 4,2 \\ 6,6 \\ 3,1 \end{pmatrix} + t \cdot \begin{pmatrix} 3 \\ 4 \\ 0,1 \end{pmatrix}$$

beschreiben. Wie groß ist der Abstand der Flugbahnen?

Alle Angaben oben liegen in Kilometern vor.

Lösungen:

1) a) Geradengleichung der Flugbahn:

$$g: \vec{x} = \overrightarrow{0A} + r \cdot \overrightarrow{AB} \quad \text{mit} \quad \overrightarrow{AB} = \overrightarrow{0B} - \overrightarrow{A0}.$$

$$g: \vec{x} = \begin{pmatrix} 4 \\ 2 \\ 5 \end{pmatrix} + r \cdot \begin{pmatrix} 12-4 \\ 6-2 \\ 10-5 \end{pmatrix}$$

$$g: \vec{x} = \begin{pmatrix} 4 \\ 2 \\ 5 \end{pmatrix} + r \cdot \begin{pmatrix} 8 \\ 4 \\ 5 \end{pmatrix}$$

Wir berechnen den Lotfußpunkt von S(10; 10; 4,75) auf g:

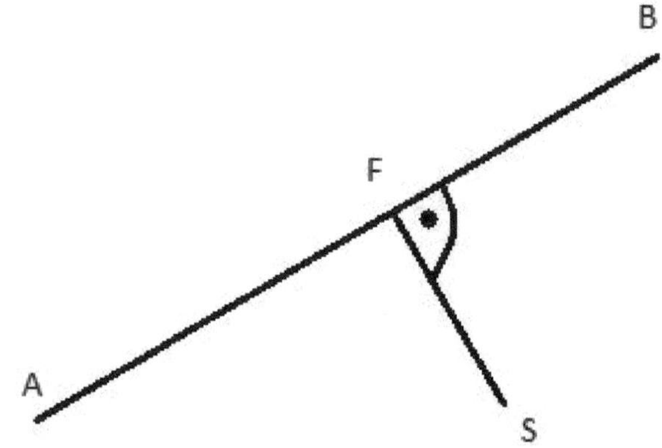

Der Vektor von S zu F ist orthogonal zum Richtungsvektor der Geraden g. Da F auf g liegt, muss es ein r geben, so dass $\left(\overrightarrow{0A} + r \cdot \overrightarrow{AB} - \overrightarrow{0S}\right)$ orthogonal zu $\overrightarrow{AB}$ ist:

$$\left(\overrightarrow{0A} + r \cdot \overrightarrow{AB} - \overrightarrow{0S}\right) \cdot \overrightarrow{AB} = 0 \quad \text{(der hintere Malpunkt steht für das Skalaprodukt)}$$

$$\left(\begin{pmatrix} 4 \\ 2 \\ 5 \end{pmatrix} + r \begin{pmatrix} 8 \\ 4 \\ 5 \end{pmatrix} - \begin{pmatrix} 10 \\ 10 \\ 4,75 \end{pmatrix} \right) \cdot \begin{pmatrix} 8 \\ 4 \\ 5 \end{pmatrix} = 0$$

$$\left(\begin{pmatrix} -6 \\ -8 \\ 0,25 \end{pmatrix} + r \begin{pmatrix} 8 \\ 4 \\ 5 \end{pmatrix} \right) \cdot \begin{pmatrix} 8 \\ 4 \\ 5 \end{pmatrix} = 0$$

$$-6 \cdot 8 - 8 \cdot 4 + 0{,}25 \cdot 5 + r \cdot (8 \cdot 8 + 4 \cdot 4 + 5 \cdot 5) = 0$$

$$-78{,}75 + 105t = 0, \text{ womit } t = 3/4 \text{ ist.}$$

r = 3/4 in g eingesetzt ergibt den Lotfußfunkt, bzw. zunächst dessen Ortsvektor:

$$\overrightarrow{0F} = \begin{pmatrix} 4 \\ 2 \\ 5 \end{pmatrix} + 3/4 \cdot \begin{pmatrix} 8 \\ 4 \\ 5 \end{pmatrix} = \begin{pmatrix} 10 \\ 5 \\ 8,75 \end{pmatrix}$$

Nun muss nur noch der Abstand von S zu F berechnet werden, bzw. die Länge von $\overrightarrow{SF}$:

$$|\overrightarrow{SF}| = \sqrt{(f_1 - s_1)^2 + (f_2 - s_2)^2 + (f_3 - s_3)^2}$$

$$|\overrightarrow{SF}| = \sqrt{0^2 + 5^2 + (-4)^2} = \sqrt{41} \approx 6{,}403$$

Also beträgt der Abstand ca. 6,403 km.

b) Wir bestimmen die Gleichung der Gerade h, die die Flugbahn des Ballons beschreibt:

$$h: \vec{x} = \overrightarrow{0C} + r \cdot \overrightarrow{CD} \quad \text{mit} \quad \overrightarrow{CD} = \overrightarrow{0D} - \overrightarrow{0C}.$$

$$h: \vec{x} = \begin{pmatrix} 13{,}2 \\ 18{,}6 \\ 19 \end{pmatrix} + r \cdot \begin{pmatrix} -10 \\ -20 \\ -10 \end{pmatrix}$$

h und g sind nicht parallel, denn die Richtungsvektoren sind keine Vielfachen (oder identisch):

$$r \cdot \begin{pmatrix} 8 \\ 4 \\ 5 \end{pmatrix} = \begin{pmatrix} -10 \\ -20 \\ -10 \end{pmatrix}$$

hat keine Lösung. Also sind die beiden Geraden windschief oder haben einen Schnittpunkt. Wir berechnen direkt den Abstand (wenn es einen Schnittpunkt gibt, ist dieser eben gleich 0).

Es gibt nun zwei Möglichkeiten bei den beiden Geraden g: $\vec{x} = \vec{a} + r \cdot \vec{v}$ und h: $\vec{x} = \vec{b} + s \cdot \vec{w}$:

Möglichkeit 1: Wir lösen das Gleichungssystem

$$(\vec{a} + r \cdot \vec{v} - (\vec{b} + s \cdot \vec{w})) \cdot \vec{v} = 0$$

$$(\vec{a} + r \cdot \vec{v} - (\vec{b} + s \cdot \vec{w})) \cdot \vec{w} = 0$$

nach r und s auf und setzen die Lösung für r in g und die für s in h ein. Damit ergeben sich die beiden Lotfußpunkte, deren Abstand gleich dem der beiden Geraden ist.

Möglichkeit 2:

Wir bestimmen eine Gleichung der Ebene E, die g enthält und parallel zu h ist:

$$E: \vec{x} = \vec{a} + r \cdot \vec{v} + s \cdot \vec{w}$$

Nun bestimmen wir die Hesse Normalform von E und berechnen den Abstand zu einem Punkt von h (am einfachsten nimmt man hier den Stützpunkt, dessen Ortsvektor der Stützvektor ist):

Der Abstand ist dann: $d = \left| (\vec{b} - \vec{a}) \cdot \vec{n}/|\vec{n}| \right|$ mit $\vec{n} = \vec{v} \times \vec{w}$.

$$E: \vec{x} = \begin{pmatrix} 4 \\ 2 \\ 5 \end{pmatrix} + r \cdot \begin{pmatrix} 8 \\ 4 \\ 5 \end{pmatrix} + s \cdot \begin{pmatrix} -10 \\ -20 \\ -10 \end{pmatrix} \quad \text{ist also parallel zu h und enthält g.}$$

$$\vec{n} = \begin{pmatrix} 8 \\ 4 \\ 5 \end{pmatrix} \times \begin{pmatrix} -10 \\ -20 \\ -10 \end{pmatrix} = \begin{pmatrix} 4 \cdot (-10) - 5 \cdot (-20) \\ 5 \cdot (-10) - 8 \cdot (-10) \\ 8 \cdot (-20) - 4 \cdot (-10) \end{pmatrix} = \begin{pmatrix} 60 \\ 30 \\ -120 \end{pmatrix}$$

Wir können auch einen kürzeren Normalenvektor $\vec{n}$ nehmen z.B. (indem wir den Vektor von oben durch 30 dividieren):

$$\vec{n} = \begin{pmatrix} 2 \\ 1 \\ -4 \end{pmatrix}$$

$E: \left(\vec{x} - \begin{pmatrix} 4 \\ 2 \\ 5 \end{pmatrix} \right) \cdot \begin{pmatrix} 2 \\ 1 \\ -4 \end{pmatrix} = 0$ ist eine Normalform von E (der Stützvektor von E wurde verwendet).

$$|\vec{n}| = \sqrt{2^2 + 1^2 + (-4)^2} = \sqrt{21}$$

Nun können wir über die Hesse Normalform den Abstand des Stützpunktes von h, dessen Ortsvektor

$$\begin{pmatrix} 13{,}2 \\ 18{,}6 \\ 19 \end{pmatrix}$$

ist, zu E bestimmen und damit den Abstand der beiden Geraden:

$$d = \left| \left(\begin{pmatrix} 13{,}2 \\ 18{,}6 \\ 19 \end{pmatrix} - \begin{pmatrix} 4 \\ 2 \\ 5 \end{pmatrix} \right) \cdot \begin{pmatrix} 2 \\ 1 \\ -4 \end{pmatrix} \cdot \frac{1}{\sqrt{21}} \right| = \left| \left(\begin{pmatrix} 9{,}2 \\ 16{,}6 \\ 14 \end{pmatrix} \right) \cdot \begin{pmatrix} 2 \\ 1 \\ -4 \end{pmatrix} \cdot \frac{1}{\sqrt{21}} \right| = \left| \frac{-21}{\sqrt{21}} \right| = \sqrt{21} \approx 4{,}58$$

Die beiden Flugbahnen haben damit einen Abstand von ca. 4,58 km.

Oder über die Koordinatenform:

$E: 2x + y - 4z + 10 = 0$

Hier kann nun in $\left| \frac{2x+y-4z+10}{\sqrt{21}} \right|$ der Stützvektor von h eingesetzt werden, womit sich dasselbe ergibt.

c) Wir setzen

$$g: \vec{x} = \begin{pmatrix} 4 \\ 2 \\ 5 \end{pmatrix} + r \cdot \begin{pmatrix} 8 \\ 4 \\ 5 \end{pmatrix}$$

in $E: x - 2y = 4$ ein oder wir könnten auch den Normalenvektor $\vec{n} = \begin{pmatrix} 1 \\ -2 \\ 0 \end{pmatrix}$ von E mit dem

Richtungsvektor von g „skalar multiplizieren" und wenn das Skalarprodukt 0 ist, sind g und E parallel (wobei hierbei auch eventuell g in in liegen könnte).

$$\begin{pmatrix} 8 \\ 4 \\ 5 \end{pmatrix} \cdot \begin{pmatrix} 1 \\ -2 \\ 0 \end{pmatrix} = 8 - 8 + 0 = 0$$

Also parallel. $\begin{pmatrix} 4 \\ 2 \\ 5 \end{pmatrix}$ in E eingesetzt ergibt einen Widerspruch, womit g "echt" parallel zu E ist („echt"

parallel soll hier heißen, dass g nicht in E liegt und g zu E parallel ist).

Das würde sich auch über das Einsetzen von g (x = 4 + 8r, y = 2 + 4r und z = 5 + 5r) in E ergeben:

$$x - 2y = 4$$

$$4 + 8r - 2 \cdot (2 + 4r) = 4 \Leftrightarrow 0 = 4 \text{ ist ein Widerspruch} \Rightarrow \text{„echt" parallel.}$$

Nun muss nur noch der Abstand eines Punktes von g zu E berechnet werden:

Das machen wir wieder über die Hesse Normalform (HNF) von E:

$$x - 2y - 4 = 0 \mid : \sqrt{5} \quad \text{da } |\vec{n}| = \sqrt{1 + 4 + 0} = \sqrt{5}$$

$$\frac{x - 2y - 4}{\sqrt{5}} = 0 \text{ ist HNF als Koordinatengleichung geschrieben.}$$

$$d = \left| \frac{x - 2y - 4}{\sqrt{5}} \right| \quad \text{ist der Abstand eines Punktes (x; y; z) von E.}$$

Wir setzen den Stützvektor von g ein:

$$d = \left| \frac{4 - 2 \cdot 2 - 4}{\sqrt{5}} \right| = \left| \frac{-4}{\sqrt{5}} \right| \approx 1{,}79$$

Also beträgt der Abstand des Flugzeugs zur Nebelwand ca. 1,79 km.

2)

$$f_1: \vec{x} = \begin{pmatrix} 2 \\ 2 \\ 3 \end{pmatrix} + t \cdot \begin{pmatrix} 3 \\ 4 \\ 0{,}1 \end{pmatrix} \quad \text{und} \quad f_2: \vec{x} = \begin{pmatrix} 4{,}2 \\ 6{,}6 \\ 3{,}1 \end{pmatrix} + t \cdot \begin{pmatrix} 3 \\ 4 \\ 0{,}1 \end{pmatrix}$$

Die beiden Flugbahnen sind parallel, denn die Richtungsvektoren sind identisch (bei Parallelität könnten die Richtungsvektoren allgemein natürlich auch Vielfache sein).

Damit genügt es, den Abstand eines Punktes P von f_2 (z.B. von P(4,2; 6,6; 3,1), was sich aus dem Stützvektor ergibt) zu f_1 zu berechnen. Hier können wir bei 1a) vorgehen:

$$\left(\begin{pmatrix} 2 \\ 2 \\ 3 \end{pmatrix} + t \cdot \begin{pmatrix} 3 \\ 4 \\ 0{,}1 \end{pmatrix} - \begin{pmatrix} 4{,}2 \\ 6{,}6 \\ 3{,}1 \end{pmatrix} \right) \cdot \begin{pmatrix} 3 \\ 4 \\ 0{,}1 \end{pmatrix} = 0$$

$$\left(\begin{pmatrix} -2{,}2 \\ -4{,}6 \\ -0{,}1 \end{pmatrix} + t \cdot \begin{pmatrix} 3 \\ 4 \\ 0{,}1 \end{pmatrix} \right) \cdot \begin{pmatrix} 3 \\ 4 \\ 0{,}1 \end{pmatrix} = 0$$

$$-2{,}2 \cdot 3 - 4{,}6 \cdot 4 - 0{,}1 \cdot 0{,}1 + t \cdot (3 \cdot 3 + 4 \cdot 4 + 0{,}1 \cdot 0{,}1) = 0$$

$$-25{,}01 + 25{,}01t = 0, \text{ womit } t = 1 \text{ ist.}$$

$t = 1$ in f_1 eingesetzt ergibt den Lotfußfunkt, bzw. zunächst dessen Ortsvektor:

$$\overrightarrow{OF} = \begin{pmatrix} 2 \\ 2 \\ 3 \end{pmatrix} + 1 \cdot \begin{pmatrix} 3 \\ 4 \\ 0{,}1 \end{pmatrix} = \begin{pmatrix} 5 \\ 6 \\ 3{,}1 \end{pmatrix}$$

Nun muss nur noch der Abstand von S zu F berechnet werden, bzw. die Länge von $\overrightarrow{PF}$:

$$\left|\overrightarrow{PF}\right| = \sqrt{(f_1 - p_1)^2 + (f_2 - p_2)^2 + (f_3 - p_3)^2}$$

$$\left|\overrightarrow{PF}\right| = \sqrt{(5 - 4{,}2)^2 + (6 - 6{,}6)^2 + (3{,}1 - 3{,}1)^2} = \sqrt{1} = 1$$

Also beträgt der Abstand der Flugbahnen 1 km.

Bemerkung:

Eine Variante gibt es noch, den Abstand zweier Ebenen, z.B.
E_1: $2x - 2y + z = 8$ und E_2: $2x - 2y + z = 10$.

Wenn diese nicht parallel sind, ist der Abstand automatisch 0, da diese sich sonst schneiden. Die beiden Ebenen sind parallel, denn die Normalenvektoren sind identisch (können natürlich bei Parallelität auch Vielfache sein). Wenn hier noch die rechten Seiten identisch gewesen wären, wären diese natürlich identisch und der Abstand wäre 0 (oder allgemein: wenn die komplette Gleichung von E_1 ein Vielfaches der von E_2 wäre, sind diese Ebenen identisch und wenn dies nicht der Fall ist und nur die Normalenvektoren Vielfache sind, sind zwei Ebenen, wie oben, „echt" parallel).

Jetzt geht es ganz einfach: Wir bestimmen einen Punkt von E_2, z.B. P(5; 0; 0). Den findet man ganz einfach, da dieser Punkt nur die Gleichung von E_2 erfüllen muss (z.B. oben bei E_2 y und z Null setzen, dann ergibt sich x = 5).

Normalenvektor von E_1:

$$\overrightarrow{n_1} = \begin{pmatrix} 2 \\ -2 \\ 1 \end{pmatrix}$$

$$\left|\overrightarrow{n}\right| = \sqrt{2^2 + (-2)^2 + 1^2} = 3$$

Wir bringen E_1 in die HNF (als Koordinatengleichung):

$$2x - 2y + z - 8 = 0$$

$$\frac{2x - 2y + z - 8}{3} = 0$$

Es muss nur noch der Punkt P(5; 0; 0) in

$$d = \left|\frac{2x - 2y + z - 8}{3}\right|$$

eingesetzt werden, womit sich der Abstand der beiden Ebenen ergibt: $d = \left|\frac{2 \cdot 5 - 2 \cdot 0 + 0 - 8}{3}\right| = 2/3$

Vektorrechnung: Anwendungsaufgaben zu Graden und Ebenen

1) Ein Flugzeug fliegt auf geradem Weg von A(2; 4; 1) nach B(5; 2; 2) und benötigt dafür eine Minute. Die Koordinaten wurden in km angegeben. Es fliegt mit konstanter Geschwindigkeit.

a) Wie lautet die Gleichung der Geraden in Parameterform, die die Flugbahn beschreibt und welche Bedeutung hat hier der Parameter?

b) Nach wie vielen Minuten von Punkt A aus ist es 5 km hoch und wie wären dann die Koordinaten?

c) Eine Nebelwand ist durch die Gleichung E: y + 2z = 8 gegeben. Wo trifft das Flugzeug auf die Nebelwand bzw. trifft es diese überhaupt?

d) Wie weit fliegt es an der Bergspitze in P(10; 3; 3) vorbei (minimaler Abstand)?

e) Wo wäre es gestartet, wenn die Flugbahn insgesamt als eine Gerade gesehen werden könnte?

2) Es werden zwei Schächte in einen Berg gebohrt. Der eine Schacht verläuft durch A(0; 0; 4) und B(2; 1; 3,8) und der andere verläuft durch C(a; 4; 3,6) und geht senkrecht nach unten. Alle Angaben sind in km gegeben und die z-Komponente gibt die Höhe über dem Meeresspiegel an.

a) Wie muss a gewählt werden, damit sich die Schächte treffen und wo treffen sich die beiden Schächte?

b) Unter welchem Winkel treffen sich die Schächte?

c) Wo befindet man sich im ersten Schacht, wenn man 2,5 km über dem Meeresspiegel hoch ist?

3) Eine Lampe in Punkt L(15; 8; 0) strahlt einen Punkt P(10; 10; 1) an.

a) Wo trifft der Lichtstrahl durch den Punkt P auf die Wand, die in der y-z-Ebene liegt und in welchem Winkel trifft der Lichtstrahl auf die Wand?

b) Wenn der Lichtstrahl an der Wand aus a) reflektiert werden würde, wie würde eine Gleichung der Geraden in Parameterform lauten, die diesen reflektierten Lichtstrahl enthält?

Lösungen:

1) a) Geradengleichung: $g: \vec{x} = \overrightarrow{0A} + r \cdot \overrightarrow{AB}$ mit $\overrightarrow{AB} = \overrightarrow{0B} - \overrightarrow{0A}$.

$$g: \vec{x} = \begin{pmatrix} 2 \\ 4 \\ 1 \end{pmatrix} + r \cdot \begin{pmatrix} 5 - 2 \\ 2 - 4 \\ 2 - 1 \end{pmatrix}$$

$$g: \vec{x} = \begin{pmatrix} 2 \\ 4 \\ 1 \end{pmatrix} + r \cdot \begin{pmatrix} 3 \\ -2 \\ 1 \end{pmatrix}$$

Da das Flugzeug eine Minute von A nach B benötigt und sich für r = 1 der Ortsvektor von B ergibt, entspricht r genau den Flugminuten. Wenn das Flugzeug z.B. 4 Minuten von A nach B benötigt hätte, dann würde sich z.B. für r = 5 der Ortsvektor des Punktes nach 5·4 Minuten, also nach 20 Minuten, ergeben.

b) z = 5:

$$\begin{pmatrix} x \\ y \\ 5 \end{pmatrix} = \begin{pmatrix} 2 \\ 4 \\ 1 \end{pmatrix} + r \cdot \begin{pmatrix} 3 \\ -2 \\ 1 \end{pmatrix}$$

5 = 1 + r, also r = 4. In g eingesetzt:

$$\overrightarrow{0Q} = \begin{pmatrix} 2 \\ 4 \\ 1 \end{pmatrix} + 4 \cdot \begin{pmatrix} 3 \\ -2 \\ 1 \end{pmatrix} = \begin{pmatrix} 14 \\ -4 \\ 5 \end{pmatrix} \Rightarrow Q(14;\ -4;\ 5) \text{ sind die Koordinaten bei 5 km Höhe.}$$

Da r = 4 ist, wird die Höhe von 5 km in 4 Minuten von Punkt A aus erreicht.

c) Wir setzen x = 2 + 3r, y = 4 – 2r und z = 1 + r (was sich über die Geradengleichung g ergibt) in E ein:

$$E: y + 2z = 8$$

$$4 - 2r + 2(1 + r) = 8$$
$$6 = 8$$

Das Flugzeug erreicht die Nebelwand nicht, denn diese verläuft parallel zur Flugbahn.

d) Abstand von P(10; 3; 3) zu g:

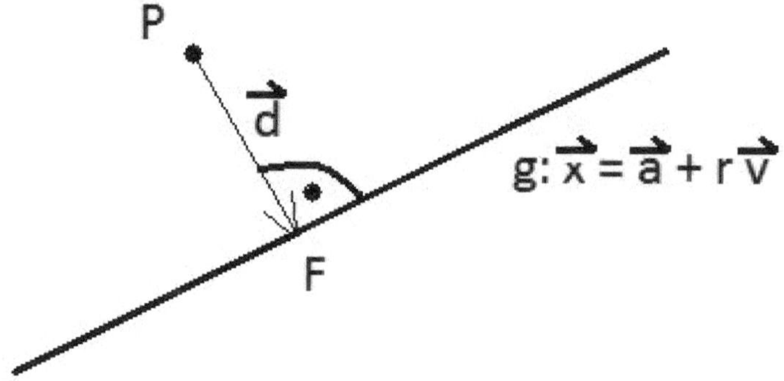

Es gilt $[\vec{a} + r \cdot \vec{v} - \overrightarrow{OP}] \cdot \vec{v} = 0$, denn $\vec{d} = \vec{a} + r \cdot \vec{v} - \overrightarrow{OP}$ und $\vec{d}$ ist orthogonal zu $\vec{v}$.

$$\left[\begin{pmatrix} 2 \\ 4 \\ 1 \end{pmatrix} + r \cdot \begin{pmatrix} 3 \\ -2 \\ 1 \end{pmatrix} - \begin{pmatrix} 10 \\ 3 \\ 3 \end{pmatrix}\right] \cdot \begin{pmatrix} 3 \\ -2 \\ 1 \end{pmatrix} = 0$$

$$\begin{pmatrix} -8 + 3r \\ 1 - 2r \\ -2 + r \end{pmatrix} \cdot \begin{pmatrix} 3 \\ -2 \\ 1 \end{pmatrix} = 0$$

$$(-8 + 3r) \cdot 3 + (1 - 2r) \cdot (-2) + (-2 + r) \cdot 1 = 0$$

$$14r - 28 = 0$$

Damit ist $r = 2$, was wir in die Gleichung von g einsetzen können und womit wir den Ortsvektor von F (und damit natürlich auch F) erhalten.

$$\overrightarrow{OF} = \begin{pmatrix} 2 \\ 4 \\ 1 \end{pmatrix} + 2 \cdot \begin{pmatrix} 3 \\ -2 \\ 1 \end{pmatrix} = \begin{pmatrix} 8 \\ 0 \\ 3 \end{pmatrix}$$

Der Abstand von P zu F ist der Abstand des Punktes P zur Geraden g:

$$\overrightarrow{PF} = \overrightarrow{OF} - \overrightarrow{OP} = \begin{pmatrix} 8 \\ 0 \\ 3 \end{pmatrix} - \begin{pmatrix} 10 \\ 3 \\ 3 \end{pmatrix} = \begin{pmatrix} -2 \\ -3 \\ 0 \end{pmatrix}$$

$$\overrightarrow{PF} = \sqrt{(-2)^2 + (-3)^2 + 0^2} = \sqrt{13} \approx 3{,}61$$

Also beträgt der Abstand des Flugzeuges zur Berspitze ca. 3,61 km.

e) Auf dem Boden ist z = 0:

$$\begin{pmatrix} x \\ y \\ 0 \end{pmatrix} = \begin{pmatrix} 2 \\ 4 \\ 1 \end{pmatrix} + r \cdot \begin{pmatrix} 3 \\ -2 \\ 1 \end{pmatrix}$$

Also ist $0 = 1 + r$ und somit $r = -1$. Wenn nun $r = -1$ in g eingesetzt wird, ergibt sich der Startpunkt (wir nennen ihn mal S):

$$\overrightarrow{OS} = \begin{pmatrix} 2 \\ 4 \\ 1 \end{pmatrix} + (-1) \cdot \begin{pmatrix} 3 \\ -2 \\ 1 \end{pmatrix} = \begin{pmatrix} -1 \\ 6 \\ 0 \end{pmatrix}$$

Damit ist der Startpunkt S(-1; 6; 0).

2) Der eine Schacht (wir nennen ihn Schacht 1) verläuft durch A(0; 0; 4) und B(2; 1; 3,8) und der andere (wir nennen ihn Schacht 2) verläuft durch C(a; 4; 3,6) und geht senkrecht nach unten.

Gleichung der Geraden, die den Schacht 1 enthält:

$$s_1: \vec{x} = \overrightarrow{OA} + r \cdot \overrightarrow{AB} \quad \text{mit} \quad \overrightarrow{AB} = \overrightarrow{OB} - \overrightarrow{OA}.$$

$$s_1: \vec{x} = \begin{pmatrix} 0 \\ 0 \\ 4 \end{pmatrix} + r \cdot \begin{pmatrix} 2 - 0 \\ 1 - 0 \\ 3{,}8 - 4 \end{pmatrix}$$

$$s_1: \vec{x} = \begin{pmatrix} 0 \\ 0 \\ 4 \end{pmatrix} + r \cdot \begin{pmatrix} 2 \\ 1 \\ -0{,}2 \end{pmatrix}$$

Wenn der Schach 2 senkrecht nach unten geht, kann z. B. $\begin{pmatrix} 0 \\ 0 \\ -1 \end{pmatrix}$ als Richtungsvektor verwendet werden. Da der Schacht 2 durch C(a; 4; 3,6) verläuft, können wir $\overrightarrow{OC}$ als Stützvektor verwenden.

Gleichung der Geraden, die den Schacht 2 enthält:

$$s_2: \vec{x} = \begin{pmatrix} a \\ 4 \\ 3{,}6 \end{pmatrix} + t \cdot \begin{pmatrix} 0 \\ 0 \\ -1 \end{pmatrix} \quad \text{(dies ist eine Geradenschar mit dem Scharparameter a)}$$

a) Die beiden Geraden s_1 und s_2 sollen sich schneiden, damit müssen wir die beiden Geradengleichungen gleichsetzen:

$$\begin{pmatrix} 0 \\ 0 \\ 4 \end{pmatrix} + r \cdot \begin{pmatrix} 2 \\ 1 \\ -0{,}2 \end{pmatrix} = \begin{pmatrix} a \\ 4 \\ 3{,}6 \end{pmatrix} + t \cdot \begin{pmatrix} 0 \\ 0 \\ -1 \end{pmatrix}$$

Somit ergibt sich folgendes Gleichungssystem:

$$(1) \qquad 2r = a$$
$$(2) \qquad r = 4$$
$$(3) \qquad 4 - 0{,}2r = 3{,}6 - t$$

Wenn das Gleichungssystem etwas mehr besetzt wäre, könnten wir alle Variablen (d.h. a, r und t) auf eine Seite bringen und die konstanten Zahlen auf die andere. Unser Gleichungssystem kann aber relativ einfach gelöst werden, denn die Gleichung (2) liefert r = 4, was man in Gleichung (1) einsetzen kann und somit ist a = 8. Dies können wir nun in die Gleichung (3) einsetzen:

$$4 - 0{,}2 \cdot 4 = 3{,}6 - t$$

Damit ist t = 0,4.

Wie können nun den Schnittpunkt S bestimmen, indem wir r = 4 in die Gleichung von s_1 einsetzen (oder t = 0,4 und a = 8 in die Gleichung von s_2):

$$\overrightarrow{OS} = \begin{pmatrix} 0 \\ 0 \\ 4 \end{pmatrix} + 4 \cdot \begin{pmatrix} 2 \\ 1 \\ -0{,}2 \end{pmatrix} = \begin{pmatrix} 8 \\ 4 \\ 3{,}2 \end{pmatrix} \Rightarrow S(8; 4; 3{,}2)$$

b) Wir müssen den Schnittwinkel zweier Geraden berechnen. Hier müssen wir den Richtungsvektor $\vec{v} = \begin{pmatrix} 2 \\ 1 \\ -0{,}2 \end{pmatrix}$ der Geraden s_1 und den Richtungsvektor $\vec{w} = \begin{pmatrix} 0 \\ 0 \\ -1 \end{pmatrix}$ der Geraden s_2 in die Formel

$$\cos(\alpha) = \frac{|\vec{v} \cdot \vec{w}|}{|\vec{v}| \cdot |\vec{w}|}$$

einsetzen. Dies ist die Formel zur Berechnung von Winkel zwischen Vektoren, nur dass hier im Zähler zusätzlich der Betrag des Skalarproduktes steht, damit der Winkel α nicht über 90° groß wird, da es sich um einen Schnittwinkel handelt.

Es gilt:

$$\vec{v} \cdot \vec{w} = \begin{pmatrix} 2 \\ 1 \\ -0{,}2 \end{pmatrix} \cdot \begin{pmatrix} 0 \\ 0 \\ -1 \end{pmatrix} = 2 \cdot 0 + 1 \cdot 0 + (-0{,}2) \cdot (-1) = 0{,}2$$

$$|\vec{v}| = \sqrt{2^2 + 1^2 + (-0{,}2)^2} = \sqrt{5{,}04}$$

$$|\vec{w}| = \sqrt{0^2 + 0^2 + (-1)^2} = 1$$

$$\cos(\alpha) = \frac{|\vec{v} \cdot \vec{w}|}{|\vec{v}| \cdot |\vec{w}|} = \frac{0{,}2}{\sqrt{5{,}04} \cdot 1}$$

$$\alpha = \cos^{-1}\left(\frac{0{,}2}{\sqrt{5{,}04} \cdot 1}\right) \approx 84{,}89°$$

Damit beträgt der Schnittwinkel ca. 84,89°.

c) Wo befindet man sich im ersten Schacht, wenn man 2,5 km über dem Meeresspiegel hoch ist?

Hier muss z = 2,5 sein bei der Geraden s_1:

$$2{,}5 = 4 - 0{,}2r \quad \Leftrightarrow r = 7{,}5$$

Das können wir in die Geradengleichung von s_1 einsetzen und erhalten den Punkt Q auf der Geraden s_1, der 2,5km über dem Meeresspiegel liegt:

$$\overrightarrow{OQ} = \begin{pmatrix} 0 \\ 0 \\ 4 \end{pmatrix} + 7{,}5 \cdot \begin{pmatrix} 2 \\ 1 \\ -0{,}2 \end{pmatrix} = \begin{pmatrix} 15 \\ 7{,}5 \\ 2{,}5 \end{pmatrix} \quad \Rightarrow \quad Q(15;\ 7{,}5;\ 2{,}5)$$

3) Eine Lampe in Punkt L(15; 8; 0) strahlt einen Punkt P(10; 10; 1) an.

a) Eine Gleichung der Geraden, die den Lichtstrahl durch den Punkt P enthält, kann wie folgt bestimmt werden:

$$g:\vec{x} = \overrightarrow{OL} + r \cdot \overrightarrow{LP} \quad \text{mit} \quad \overrightarrow{LP} = \overrightarrow{OP} - \overrightarrow{OL}.$$

$$g:\vec{x} = \begin{pmatrix} 15 \\ 8 \\ 0 \end{pmatrix} + r \cdot \begin{pmatrix} 10 - 15 \\ 10 - 8 \\ 1 - 0 \end{pmatrix}$$

$$g:\vec{x} = \begin{pmatrix} 15 \\ 8 \\ 0 \end{pmatrix} + r \cdot \begin{pmatrix} -5 \\ 2 \\ 1 \end{pmatrix}$$

Die y-z-Ebene kann durch die Koordinatengleichung E: x = 0 beschrieben werden, denn alle Punkte in der y-z-Ebene haben die x-Koordinate 0, z.B. (0; 8; 12).

Hier können wir die Gleichung der Geraden g (x = 15 − 5r, y = 8 + 2r und z = r) in E einsetzen:

$$15 - 5r = 0$$

Damit ist r = 3, was wir in die Gleichung g einsetzen können und den Schnittpunkt S bzw. den Treffpunkt des Lichtstrahles auf der Wand erhalten:

$$\overrightarrow{OS} = \begin{pmatrix} 15 \\ 8 \\ 0 \end{pmatrix} + 3 \cdot \begin{pmatrix} -5 \\ 2 \\ 1 \end{pmatrix} = \begin{pmatrix} 0 \\ 14 \\ 3 \end{pmatrix} \Rightarrow S(0; 14; 3)$$

Nun müssen wir noch den Winkel zwischen der Geraden g, die den Lichtstrahl enthält und der Wand (Ebene E: x = 0) bestimmen. Dazu müssen wir den Richtungsvektor $\vec{v} = \begin{pmatrix} -5 \\ 2 \\ 1 \end{pmatrix}$ der Geraden g und den Normalenvektor $\vec{n} = \begin{pmatrix} 1 \\ 0 \\ 0 \end{pmatrix}$ der Ebene E in die Formel

$$\sin(\alpha) = \frac{|\vec{n} \cdot \vec{v}|}{|\vec{n}| \cdot |\vec{v}|}$$

einsetzen. Bei dem Schnittwinkel zwischen Ebene und Gerade wird ausnahmsweise der Sinus verwendet.

Es gilt:

$$\vec{n} \cdot \vec{v} = \begin{pmatrix} 1 \\ 0 \\ 0 \end{pmatrix} \cdot \begin{pmatrix} -5 \\ 2 \\ 1 \end{pmatrix} = 1 \cdot (-5) + 0 \cdot 2 + 0 \cdot 1 = -5$$

$$|\vec{n}| = \sqrt{1^2 + 0^2 + 0^2} = 1$$

$$|\vec{v}| = \sqrt{(-5)^2 + 2^2 + 1^2} = \sqrt{30}$$

$$\sin(\alpha) = \frac{|\vec{n} \cdot \vec{v}|}{|\vec{n}| \cdot |\vec{v}|} = \frac{5}{1 \cdot \sqrt{30}}$$

$$\alpha = \sin^{-1}\left(\frac{5}{\sqrt{30}}\right) \approx 65{,}91°$$

Damit beträgt der Winkel ca. 65,91°, mit der der Lichtstrahl auf die Wand auftrifft.

b) Wenn der Lichtstrahl auf die y-z-Ebene trifft und reflektiert wird, dann wird die x-Richtung umgedreht:

$$g:\ \vec{x} = \begin{pmatrix} 15 \\ 8 \\ 0 \end{pmatrix} + r \cdot \begin{pmatrix} -5 \\ 2 \\ 1 \end{pmatrix} \quad \text{wird reflektiert zu} \quad g':\ \vec{x} = \begin{pmatrix} 0 \\ 14 \\ 3 \end{pmatrix} + r \cdot \begin{pmatrix} 5 \\ 2 \\ 1 \end{pmatrix}.$$

Als Stützvektor der Gerade g', die den reflektierten Strahl enthält, wurde hier der Ortsvektor des Punktes S verwendet (wo der Lichtstrahl auf die Wand trifft).

Anwendungsaufgabe „Analytische Geometrie"

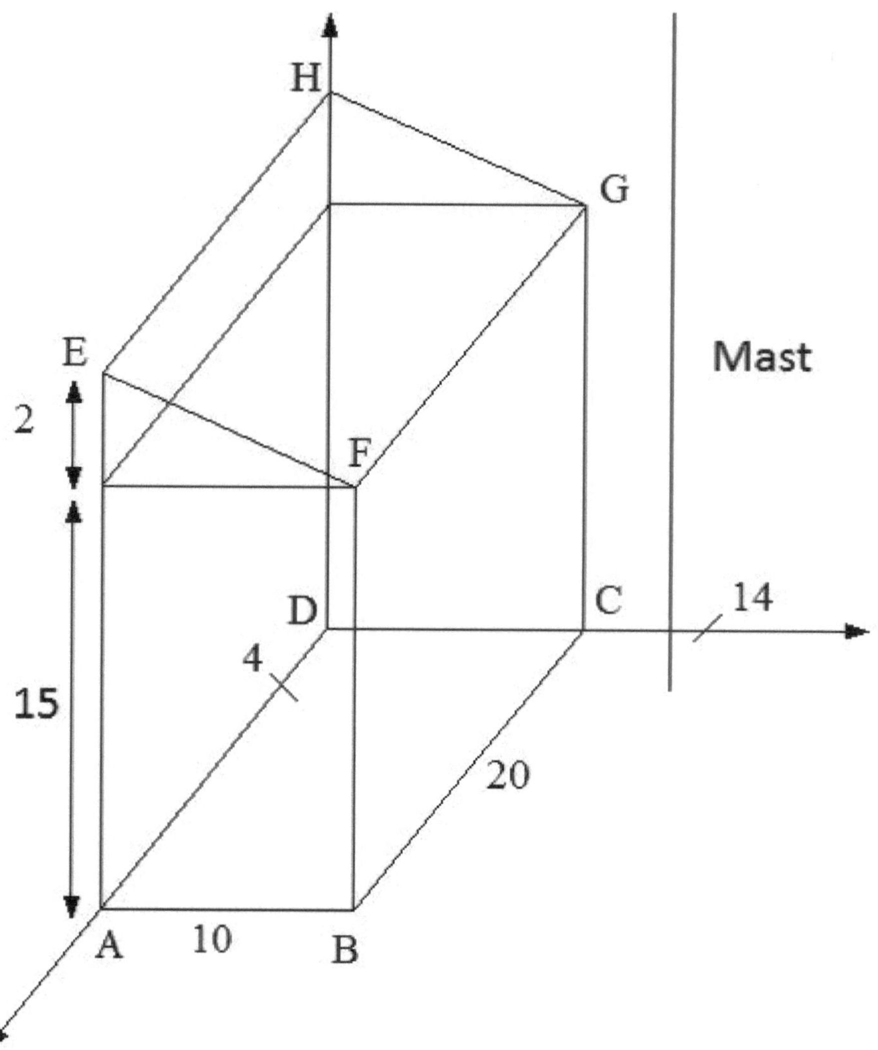

Aufgabe:

(1) Es sollen die Eckpunkte A bis H bestimmt werden.

(2) Wie lauten die Gleichungen der Ebene EFGH in Parameter- und Koordinatenform?

(3) Die Spitze des Mastes liegt in P(4/14/25). Wo liegt der Schattenpunkt P' von P auf dem Dach, wenn die Sonne in die Richtung $\begin{pmatrix} 1 \\ -1 \\ -1 \end{pmatrix}$ scheint?

(4) Wo trifft der Schatten auf die Dachkante $\overline{FG}$?

(5) In welchem Winkel treffen die Sonnenstrahlen auf den Boden?

(6) Wie groß ist das Volumen des Gebäudes?

(7) Wie groß ist der Neigungswinkel des Daches?

Lösungen (für Ebenen- und Geradengleichungen gibt es mehrere Lösungen):

(1) A(20|0|0)

B(20|10|0)

C(0|10|0)

D(0|0|0)

E(20|0|17)

F(20|10|15)

G(0|10|15)

H(0|0|17)

(2) $E: \vec{x} = \overrightarrow{OH} + r \cdot \overrightarrow{HE} + s \cdot \overrightarrow{HG}$ (Wenn man die Eckpunkte E, G und H verwendet.)

$$= \begin{pmatrix} 0 \\ 0 \\ 17 \end{pmatrix} + r \cdot \left(\begin{pmatrix} 20 \\ 0 \\ 17 \end{pmatrix} - \begin{pmatrix} 0 \\ 0 \\ 17 \end{pmatrix} \right) + s \cdot \left(\begin{pmatrix} 0 \\ 10 \\ 15 \end{pmatrix} - \begin{pmatrix} 0 \\ 0 \\ 17 \end{pmatrix} \right)$$

$$= \begin{pmatrix} 0 \\ 0 \\ 17 \end{pmatrix} + r \cdot \begin{pmatrix} 20 \\ 0 \\ 0 \end{pmatrix} + s \cdot \begin{pmatrix} 0 \\ 10 \\ -2 \end{pmatrix}$$

$$\vec{n} = \begin{pmatrix} 20 \\ 0 \\ 0 \end{pmatrix} \times \begin{pmatrix} 0 \\ 10 \\ -2 \end{pmatrix} = \begin{pmatrix} 0 \\ 40 \\ 200 \end{pmatrix}$$

Oder $\vec{n} = \begin{pmatrix} 0 \\ 1 \\ 5 \end{pmatrix}$ (da man auch Vielfache - außer des Nullfachen - des obigen Normalenvektors verwenden kann).

$$E: \left[\vec{x} - \begin{pmatrix} 0 \\ 0 \\ 17 \end{pmatrix} \right] \cdot \begin{pmatrix} 0 \\ 1 \\ 5 \end{pmatrix} = 0$$

$$E: y + 5z = 85$$

(3) Schatten des Punktes P auf Dach:

$$g: \vec{x} = \begin{pmatrix} 4 \\ 14 \\ 25 \end{pmatrix} + t \cdot \begin{pmatrix} 1 \\ -1 \\ -1 \end{pmatrix}$$

Damit ist $x = 4 + t$, $y = 14 - t$ und $z = 25 - t$. In Koordinatengleichung für E einsetzen

$$14 - t + 5 \cdot (25 - t) = 85$$
$$14 - t + 125 - 5t = 85$$
$$139 - 6t = 85 \mid -139$$
$$-6t = -54$$
$$t = 9$$

$$\overrightarrow{OP'} = \begin{pmatrix} 4 \\ 14 \\ 25 \end{pmatrix} + 9 \cdot \begin{pmatrix} 1 \\ -1 \\ -1 \end{pmatrix} = \begin{pmatrix} 13 \\ 5 \\ 16 \end{pmatrix}$$

Also $P'(13|5|16)$

Da für P' $0 \le x \le 20$ und $0 \le y \le 10$ gilt, liegt P' auf dem Dach. Berechnet man den Schnittpunkt mit der Parameterform der Ebene, dann gilt $r = \frac{13}{20}$ und $s = \frac{1}{2}$. Hier sieht man auch, dass P' auf dem Dach liegt, denn $0 \le r \le 1$ und $0 \le s \le 1$.

(4) Dachkante: $k: \vec{x} = \overrightarrow{OG} + t \cdot \overrightarrow{FG} = \begin{pmatrix} 0 \\ 10 \\ 15 \end{pmatrix} + t \cdot \begin{pmatrix} 20 \\ 0 \\ 0 \end{pmatrix}$

Der Schatten des Mastes liegt in $E_s: \vec{x} = \begin{pmatrix} 4 \\ 14 \\ 25 \end{pmatrix} + r \cdot \begin{pmatrix} 1 \\ -1 \\ -1 \end{pmatrix} + s \cdot \begin{pmatrix} 0 \\ 0 \\ 1 \end{pmatrix}$. Der Schnittpunkt von k und E_s ergibt sich durch Gleichsetzen beider Gleichungen.

$$\begin{pmatrix} 0 \\ 10 \\ 15 \end{pmatrix} + t \cdot \begin{pmatrix} 20 \\ 0 \\ 0 \end{pmatrix} = \begin{pmatrix} 4 \\ 14 \\ 25 \end{pmatrix} + r \cdot \begin{pmatrix} 1 \\ -1 \\ -1 \end{pmatrix} + s \cdot \begin{pmatrix} 0 \\ 0 \\ 1 \end{pmatrix}$$

Lösung: $r = 4, s = -6, t = \frac{2}{5}$

Schnittpunkt S mit Dachkante: (Einsetzen von $t = \frac{2}{5}$ in Gleichung von g oder $r = 4$ und $s = -6$ in Gleichung von E_s.)

$$\overrightarrow{OS} = \begin{pmatrix} 0 \\ 10 \\ 15 \end{pmatrix} + \frac{2}{5} \cdot \begin{pmatrix} 20 \\ 0 \\ 0 \end{pmatrix} = \begin{pmatrix} 8 \\ 10 \\ 15 \end{pmatrix} \Rightarrow S(8|10|15)$$

(5) Boden ist x-y-Achse:

$$E_{xy}: z = 0$$

Also ist $\vec{n} = \begin{pmatrix} 0 \\ 0 \\ 1 \end{pmatrix}$. Nun muss man den Winkel zwischen der x-y-Ebene und dem Vektor $\vec{v} = \begin{pmatrix} 1 \\ -1 \\ -1 \end{pmatrix}$ berechnen:

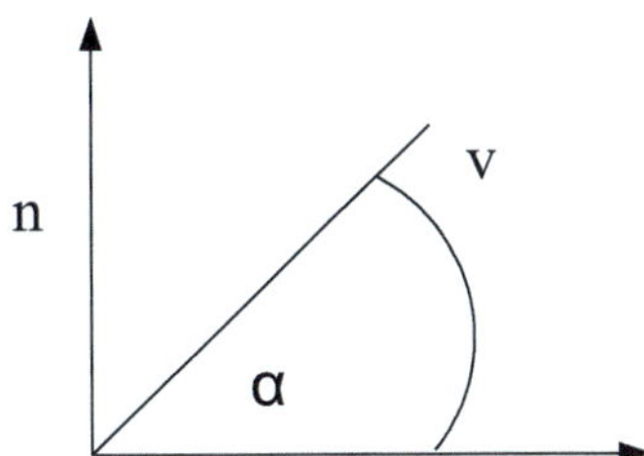

Bei der Berechnung des Schnittwinkels zwischen einer Ebene und einer Geraden verwendet man am besten den Sinus:

$$\sin(\alpha) = \frac{|\vec{n} \cdot \vec{v}|}{|\vec{n}| \cdot |\vec{v}|} = \frac{|-1|}{\sqrt{3} \cdot \sqrt{1}} \Rightarrow \alpha \approx 35{,}26°$$

(6) $V = \frac{17+15}{2} \cdot 10 \cdot 20 = 3200$ (Wenn alle Angaben in m gegeben wurden, so hat das Volumen die Einheit m^3.)

(7) Der Winkel zwischen $E: y + 5z = 85$ und $E_{xy}: z = 0$ ergibt sich über die Berechnung des Winkels zwischen dem Normalenvektor $\overrightarrow{n_E} = \begin{pmatrix} 0 \\ 1 \\ 5 \end{pmatrix}$ und $\overrightarrow{n_{E_{xy}}} = \begin{pmatrix} 0 \\ 0 \\ 1 \end{pmatrix}$.

$$\cos(\alpha) = \frac{\overrightarrow{n_E} \cdot \overrightarrow{n_{E_{xy}}}}{|\overrightarrow{n_E}| \cdot \left|\overrightarrow{n_{E_{xy}}}\right|} = \frac{5}{\sqrt{26} \cdot \sqrt{1}} \Rightarrow \alpha \approx 11{,}31°$$

Wäre α größer als 90° gewesen, so wäre $180° - \alpha$ der Neigungswinkel, wobei man bei Anwendungsaufgaben allgemein mit dieser Regel aufpassen muss.

Man kann bei Anwendungsaufgaben nicht generell sagen, dass, falls ein Winkel größer als 90° ist, dieser dann von 180° subtrahiert werden muss. Wenn man beispielsweise den Eckwinkel in einem Dreieck berechnet (beispielsweise für den Winkel in einer Dachspitze) und man z.B. 120° erhält, dann ist auch der Eckwinkel 120°, wenn man die Vektoren, mit denen man den Winkel berechnet, richtig bestimmt hat. Diese müssen beide von der Ecke weg oder beide zur Ecke hin zeigen, wenn man das Problem mit Vektoren löst, die von einer Dreiecks-Ecke zur anderen zeigen. Bei einem Neigungswinkel eines Daches würde man hingegen keinen Winkel größer als 90° angeben.

Verwendet man

$$\cos(\alpha) = \frac{|\overrightarrow{n_E} \cdot \overrightarrow{n_{E_{xy}}}|}{|\overrightarrow{n_E}| \cdot \left|\overrightarrow{n_{E_{xy}}}\right|},$$

d.h. im Zähler wird der Betrag verwendet, dann ergibt sich immer nur ein Winkel von maximal 90°.

Ebenenscharen

1) $E_a : 2a{\cdot}x + a{\cdot}y - 3a{\cdot}z = 4$ $(a \neq 0)$

     a) Wie muss a gewählt werden, damit der Punkt P (1| 2| 0) in E liegt?

     b) Wie ist die Lage der Ebenen der Schar mit verschiedenen a zueinander zu beurteilen?

Lösung:

     a) P (1|2|0) einsetzen: $2a \cdot 1 + a \cdot 2 - 3a \cdot 0 = 4$

$$4a = 4 \mid : 4$$

$$a = 1$$

     b) Die Ebenen E_a der Schar haben den Normalenvektor:

$$\vec{n_a} = \begin{pmatrix} 2a \\ a \\ -3a \end{pmatrix} = a \cdot \begin{pmatrix} 2 \\ 1 \\ -3 \end{pmatrix}$$

Sie sind also alle parallel, da die Normalenvektoren alle Vielfache zueinander sind. Da die rechte Seite unabhängig von a ist und $\neq 0$, sind sie alle „echt" (d.h. nicht identisch) parallel (für verschiedene a).

2) $E_a : a{\cdot}x - a{\cdot}y + z = 4$

     Welcher Punkt liegt unabhängig von a in gleicher Ebene der Schar?

Lösung:

     P (0| 0| 4), denn dieser Punkt erfüllt immer die Gleichung (für beliebige $a \neq 0$).

3) $E_r: 4r{\cdot}x - 2r{\cdot}y + r{\cdot}z = 8r$ $r \neq 0$.

     a) Wie lauten die Spurpunkte der Ebenenschar?

     b) Zeigen Sie, dass der Punkt P (2| 4| 8) in allen Ebenen der Schar liegt.

     c) Zeigen Sie, dass Q(0| 0| 4) in keiner Ebene der Schar liegt.

Lösung:

     a) Schnittpunkt mit x-Achse: $y = 0$ und $z = 0$ in $E_r : 4rx = 8r \mid :(4r)$

$$x = 2$$

$\Rightarrow S_x(2| 0| 0)$

Schnittpunkt mit y-Achse: $x = 0$ und $z = 0$ in $E_r: -2ry = 8r \mid :(-2r)$

$$y = -4$$

$\Rightarrow S_y (0| -4| 0)$

Schnittpunkt mit z-Achse: $x = 0$ und $y = 0$ in E_r: $rz = 8r \mid :r$

$$z = 8$$

$\Rightarrow S_z\,(0|\,0|\,8)$

Alle Spurpunkte sind unabhängig von r. Man hätte auch die Achsenabschnittsform bestimmen können ($4rx - 2ry + rz = 8r$ durch $8r$ dividieren, da r ungleich Null ist, womit man $x/2 + y/(-4) + z/8 = 1$ erhält, wo man die Spurpunkte ablesen kann).

b) P(2/4/8) in E_r einsetzen: $4r \cdot 2 - 2r \cdot 4 + 8r = 8r \Leftrightarrow 8r = 8r$ (ist für alle r erfüllt).

c) Wir setzen Q(0|\,0|\,4) in E_r ein:

$$4r \cdot 0 - 2r \cdot 0 + 4r = 8r$$

$$4r = 8r \mid -4r$$

$$0 = 4r \mid :4$$

$r = 0$ ist nicht möglich, denn es wäre keine Ebene ($E_0: 0 = 0$)

und ist deshalb auch $r = 0$ nicht zugelassen ($r \neq 0$).

4)   Wie muss r gewählt werden, damit E_r: $2r \cdot x + r \cdot y - z = 4$ parallel zur Geraden

$$g: \vec{x} = \begin{pmatrix} 1 \\ 2 \\ 2 \end{pmatrix} + t \cdot \begin{pmatrix} 1 \\ -1 \\ 1 \end{pmatrix} \text{ verläuft.}$$

Lösung:

Möglichkeit 1: Der Normalenvektor von E_r muss senkrecht zum Richtungsvektor von g sein:

$$\begin{pmatrix} 1 \\ -1 \\ 1 \end{pmatrix} \cdot \begin{pmatrix} 2r \\ r \\ -1 \end{pmatrix} = 0 \Leftrightarrow 2r - r - 1 = 0$$

$$r - 1 = 0 \mid +1$$

$$r = 1$$

Für $r = 1$ liegt der Stützpunkt von g, d.h. (1|\,2|\,2), nicht in E_r, denn:

E_1: $2x + y - z = 4$

(1|\,2|\,2) in E_1 einsetzen: $2 \cdot 1 + 2 - 2 = 4$

$$2 = 4$$

Damit ist g für $r = 1$ parallel zu E_1, liegt aber nicht in der Ebene E_1 (für z.B. $4 = 4$ wäre g in E_1).

<u>Möglichkeit 2:</u> Die Gerade

$x = 1 + t$
$y = 2 - t$
$z = 2 + t$

in E_r einsetzen:

$$2r \cdot (1 + t) + r \cdot (2 - t) - (2 + t) = 4$$

$$2r + 2rt + 2r - rt - 2 - t = 4$$

$$4r + rt - t - 2 = 4 \qquad | -4r + 2$$

$$rt - t = 6 - 4r$$

$$(r - 1) \cdot t = 6 - 4r$$

Für $r = 1$ würde t aus der Gleichung fallen und E_r wäre parallel zu g, da in diesem Fall auf der

rechten Seite $6 - 4 = 2$ steht (und links 0).

Kreise und Kugeln

Aufgabe 1

a) K: $x^2 + (y - 2)^2 = 25$ ist im $\mathbb{R}^2$ ein Kreis. Wie lautet der Mittelpunkt und der Radius?

b) Wie lautet der Mittelpunkt und der Radius des Kreises K: $x^2 - 8x + y^2 = 9$?

Lösung:

a) $M(0; 2)$ ist der Mittelpunkt und der Radius ist $r = 5$.

b) Hier benötigen wir eine quadratische Ergänzung:

$$x^2 - 8x + (8/2)^2 - (8/2)^2 + y^2 = 9$$

$$(x - 4)^2 - 16 + y^2 = 9 \mid + 16$$

$$(x - 4)^2 + y^2 = 25$$

Damit ist $M(4; 0)$ der Mittelpunkt und $r = 5$ der Radius.

Aufgabe 2

Gegeben ist die Gleichung der Kugel K: $x^2 + (y + 1)^2 + (z - 4)^2 = 100$.

a) Es soll der Schnittpunkt der Kugel mit der Geraden

$$g: \bar{x} = \begin{pmatrix} -2 \\ 5 \\ -6 \end{pmatrix} + t \cdot \begin{pmatrix} 1 \\ 0 \\ 1 \end{pmatrix}$$

bestimmt werden.

b) Wie lautet die Gleichung der Ebene E, die K im Punkt $Q(10; 0; 0)$ tangiert?

Lösung:

a) Aus der Gleichung für g folgt:

$$x = -2 + t$$

$$y = 5$$

$$z = -6 + t$$

Dies setzen wir in die Gleichung für K ein:

$$(t - 2)^2 + (5 + 1)^2 + (t - 6 - 4)^2 = 100$$

$$t^2 - 4t + 4 + 36 + t^2 - 20t + 100 = 100$$

$$2t^2 - 24t + 140 = 100 \mid - 100$$

$$2t^2 - 24t + 40 = 0 \mid : 2$$

$$t^2 - 12t + 20 = 0$$

Mit der p-q-Formel ergibt sich $t_1 = 6 + 4 = 10$, $t_2 = 6 - 4 = 2$. Wir haben somit zwei Schnittpunkte. Es hätte sich auch nur eine Lösung (falls die Gerade den Kreis berührt) ergeben können, oder auch keine (wenn die Gerade an der Kugel vorbei läuft, d.h. wenn der Abstand der Gerade zum Kugelmittelpunkt größer als der Radius der Kugel wäre). Setzen wir die beiden Lösungen für t in die Geradengleichung ein, so ergeben sich die beiden Schnittpunkt:

$$\overrightarrow{OS_1} = \begin{pmatrix} -2 \\ 5 \\ -6 \end{pmatrix} + 10 \cdot \begin{pmatrix} 1 \\ 0 \\ 1 \end{pmatrix} = \begin{pmatrix} 8 \\ 5 \\ 4 \end{pmatrix} \Rightarrow S_1(8; 5, 4)$$

$$\overrightarrow{OS_2} = \begin{pmatrix} -2 \\ 5 \\ -6 \end{pmatrix} + 2 \cdot \begin{pmatrix} 1 \\ 0 \\ 1 \end{pmatrix} = \begin{pmatrix} 0 \\ 5 \\ -4 \end{pmatrix} \Rightarrow S_2(0; 5, -4)$$

b) Der Vektor vom Mittelpunkt zum Berührpunkt ist senkrecht zur Tangentialebene (die nächste Grafik zeigt ein Schnitt durch die Kugel durch den Mittelpunkt M der Kugel und den Tangentialpunkt Q).

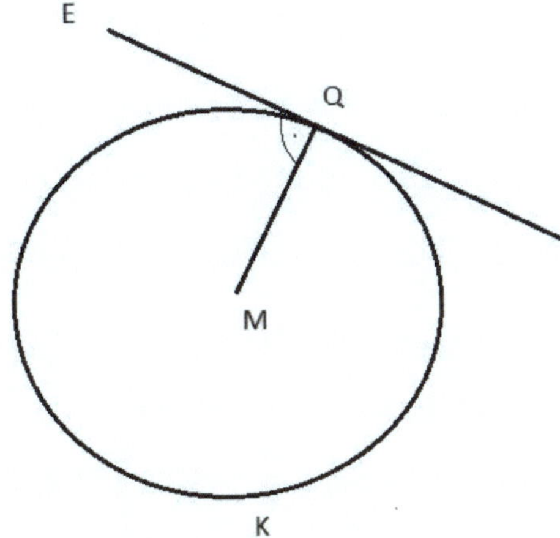

Damit kann man diesen Vektor als Normalenvektor der Ebenen verwenden:

$$\bar{n} = \overrightarrow{MQ} = \begin{pmatrix} 10 \\ 0 \\ 0 \end{pmatrix} - \begin{pmatrix} 0 \\ -1 \\ 4 \end{pmatrix} = \begin{pmatrix} 10 \\ 1 \\ -4 \end{pmatrix}$$

Somit ergibt sich eine Darstellung der Tangentialebene in Normalenform durch:

$$E: (\bar{x} - \overrightarrow{OQ}) \cdot \bar{n} = 0$$

$$E: \left(\bar{x} - \begin{pmatrix} 10 \\ 0 \\ 0 \end{pmatrix} \right) \cdot \begin{pmatrix} 10 \\ 1 \\ -4 \end{pmatrix} = 0$$

Stochastik

Aufgaben zur Kombinatorik

1) Aus einer Urne mit 26 Buchstaben werden nacheinander 3 Buchstaben gezogen und ein Wort gebildet. Wie viele Möglichkeiten gibt es hier?

2) Kim kann von 10 Freundinnen 3 mit ihrem Auto mitnehmen. Wie viele Möglichkeiten hat sie?

3) Auf wie viele Möglichkeiten können 5 Personen nebeneinander auf einer Bank Platz nehmen?

4) Tony hat 5 Hosen und 8 T-Shirts. Er möchte für seinen Urlaub 3 Hosen und 6 T-Shirts mitnehmen. Wie viele Möglichkeiten hat er?

5) Ein Zahlenschloss hat 4 Stellen (mit den Ziffern 0 bis 9). Wie viele Möglichkeiten gibt es
   a) insgesamt?
   b) eine Zahl bestehend nur aus ungeraden Ziffern einzustellen?
   c) eine Zahl, die an der ersten Stelle eine 1 hat und deren restliche Stellen aus den Ziffern von 0 bis 4 bestehen, einzustellen?
   d) für eine Zahl, wenn eine Stelle nur die Ziffern 1, 2, 3 und die anderen nur die Ziffern 4, 6, 7, 8 aufweisen sollen (Ziffern können mehrfach vorkommen)?
   e) für eine Zahl, wenn alle Stellen verschieden sein sollen?
   f) für eine Zahl, wenn jeweils genau zwei Stellen gleich sind?

6) Ein Fahrzeug kommt an 4 Ampeln vorbei. Beim jeweils ersten Blich auf eine Ampel können die Farben rot, gelb, grün gesehen werden. Wie viele Möglichkeiten gibt es?

7) Ein Aktenzeichen in Firma ABC besteht aus 3 Buchstaben und 2 Ziffern (0 bis 9). Wie viele mögliche Aktenzeichen gibt es?

8) Hanna möchte einen PC kaufen. Zur Auswahl stehen 4 verschiedene Grafikkarten, 5 Festplatten und 3 Betriebssysteme. Wie viele mögliche Zusammenstallungen gibt es?

9) Für ein Foto stellen sich 8 Mädchen und 5 Jungen nebeneinander auf, so dass alle Mädchen und alle Jungen zusammen stehen. Wie viele Möglichkeiten gibt es für die Aufstellung, wenn links die Mädchen stehen?

10) 8 Lampen können jeweils in 2 Farben leuchten. Wie viele Möglichkeiten gibt es?

11) 4 Kugeln sollen auf 6 Schachteln verteilt werden, so dass
   a) in jeder Schachtel nur eine Kugel liegt.
   b) beliebig viele Kugeln in jeder Schachtel liegen können.
   Wie viele Möglichkeiten gibt es?

12) Bei einem Kartenspiel erhält jemand 5 Karten. Wie viele Möglichkeiten gibt es für 2 Assen und 3 Damen (Reihenfolge irrelevant)?

13) Aus einer Klasse mit 20 Schülerinnen und Schülern sollen 4 Gruppen mit jeweils gleich vielen Personen gebildet werden. Wie viele Möglichkeiten gibt es?

14) 10 Personen möchten sich gegenseitig jeweils eine E-Mail zusenden, wobei jede Person jeder anderen eine E-Mail schreibt. Wie viele Möglichkeiten gibt es?

Lösungen:

1) Wenn nacheinander aus 26 Buchstaben 3 gezogen werden, handelt es sich um das Ziehen ohne Zurücklegen mit Beachtung der Reihenfolge (geordnete Stichprobe), da die Reihenfolge relevant ist: $26 \cdot 25 \cdot 24$, mit dem Taschenrechner 26 *nPr* 3, oder $\binom{26}{3} \cdot 3!$.

2) Hier ist die Reihenfolge nicht relevant (ungeordnete Stichprobe, „Ziehen ohne Zurücklegen"), da von 10 drei mitfahren können, ist es egal, welche zuerst ausgewählt wird (vom theoretischen Standpunkt aus, wohl aber nicht bezüglich möglicher Emotionen): $\binom{10}{3}$, mit dem Taschenrechner 10 *nCr* 3.

3) Permutation von 5 Personen: 5! Möglichkeiten.

4) Tony hat 5 Hosen und 8 T-Shirts. Er möchte für seinen Urlaub 3 Hosen und 6 T-Shirts mitnehmen: $\binom{5}{3}$ für die Auswahl der Hosen und $\binom{8}{6}$ für die Auswahl der T-Shirts und da beides kombiniert werden kann gibt es $\binom{5}{3} \cdot \binom{8}{6}$ Möglichkeiten.

5) Ein Zahlenschloss hat 4 Stellen (mit den Ziffern 0 bis 9).
   a) Es gibt insgesamt 10^4 („Ziehen mit Zurücklegen und Beachtung der Reihenfolge").
   b) Von den ungeraden Ziffern gibt es 5 (1, 3, 5, 7, 9), also 5^4.
   c) $1 \cdot 5^3$, da die erste Stelle fest ist.
   d) Eine Stelle besteht aus den Ziffern 1, 2, 3 und die anderen aus den Ziffern 4, 6, 7, 8: Wenn die Stelle mit den Ziffern 1, 2, 3 fest wäre, wären es $3 \cdot 4^3$ Möglichkeiten. Da es aber 4 mögliche Positionen gibt, sind es $4 \cdot 3 \cdot 4^3$ Möglichkeiten.
   e) Wenn alle Stellen verschieden sein sollen, gibt es $10 \cdot 9 \cdot 8 \cdot 7$ Möglichkeiten, wie beim Ziehen ohne Zurücklegen (da keine Ziffer doppelt vorkommen soll) und relevanter Reihenfolge.
   f) wenn jeweils genau zwei Stellen gleich sind? Wenn die Stellen fest wären, z.B. (x, x, y, y), dann gäbe es $10 \cdot 9$ Möglichkeiten (da wir nur 2 Einstellungsmöglichkeiten haben x ungleich y sein muss („genau zwei Stellen sind gleich"). Nun gibt es aber verschiedene Positionen: (x, x, y, y), (x, y, x, y), (x, y, y, x), womit es $3 \cdot 10 \cdot 9$ Möglichkeiten gibt. Hier muss u.a. nicht (y, y, x, x) berücksichtigt werden, da mit z.B. (0, 0, 1, 1) auch (1, 1, 0, 0) dabei ist, analog auch nicht (y, x, y, x) und (y, x, x, y), denn mit $10 \cdot 9$ haben wir auch jede Reihenfolge berücksichtigt. Andernfalls hätten wir auch $\binom{10}{2} \cdot \frac{4!}{2! \cdot 2!}$ berechnen können.

6) Ein Fahrzeug kommt an 4 Ampeln vorbei. Hier gibt es 3^4 Möglichkeiten („Ziehen mit Zurücklegen und Reihenfolge relevant bzw. geordnet").

7) Für Aktenzeichen bestehend aus 3 Buchstaben und 2 Ziffern (0 bis 9) gibt es $26^3 \cdot 10^2$ Möglichkeiten.

8) 4 verschiedene Grafikkarten, 5 Festplatten und 3 Betriebssysteme ergibt $4 \cdot 5 \cdot 3$ Möglichkeiten.

9) 8 Mädchen und 5 Jungen, so dass alle Mädchen und Jungen zusammen stehen. Da die Positionen vorgegeben (links Mädchen, rechts Jungen), gibt $8! \cdot 5!$ Möglichkeiten, andernfalls wären es $2! \cdot 8! \cdot 5!$ Möglichkeiten, da auch die 2 Gruppen vertauscht werden könnten.

10) Für 8 Lampen, die in 2 Farben leuchten können gibt es 2^8 Möglichkeiten.

11) 4 Kugeln sollen auf 6 Schachteln verteilt werden, so dass

a) in jeder Schachtel nur eine Kugel liegt: $\binom{6}{4}$ Möglichkeiten.

b) beliebig viele Kugeln in jeder Schachtel liegen können:
Wir können die Symbole x x x x | | | | | vertauschen. x x x x | | | | | steht für alle Kugeln in der ersten Schachtel. | x x | |x|x| steht für zwei Kugeln in der zweiten, eine in der vierten und eine in der fünften Schachtel.
Damit gibt es 9 Symbole (4 + 6 − 1), von denen einmal 4 und einmal 5 = 6 − 1 gleich sind.
Es gibt also 9!/(4!·5!) Möglichkeiten. Alternativ hätte auch über alle Anzahlen an Verteilungsmöglichkeiten summiert werden können, was aber aufwändig ist.

12) 5 Karten mit 2 Assen und 3 Damen (Reihenfolge irrelevant): $\binom{4}{2} \cdot \binom{4}{3}$ Möglichkeiten, da aus 4 Assen zwei und 4 Damen drei ausgewählt werden können.

13) Wenn aus einer Klasse mit 20 Schülerinnen und Schülern 4 Gruppen mit jeweils gleich vielen Personen gebildet werden, gibt es $\binom{20}{5} \cdot \binom{15}{5} \cdot \binom{10}{5} \cdot \binom{5}{5}$ Möglichkeiten, da zunächst aus 20 fünf, dann aus den restlichen 15 fünf, dann aus den restlichen 10 fünf und zuletzt aus den letzten 5 fünf (hier gibt es natürlich nur eine Möglichkeit) Personen ausgewählt werden können. Hier könnten wir auch 20!/(5!· 5!·5!·5!) berechnen. Das entspricht der Anzahl an möglichen Vertauschungen von 20 Kugeln, von denen jeweils 5 gleich sind (z.B. dieselbe Farbe haben).

14) 10 Personen möchten sich gegenseitig eine E-Mail zusenden. Beim Anstoßen von 10 Personen auf einer Feier gibt es $\binom{10}{2}$ Möglichkeiten, denn wenn Person 1 mit Person 2 anstößt, dann muss nicht nochmal die Person 2 mit Person 1 anstoßen. Hier ist es aber so, dass Person 1 der Person 2 eine E-Mail sendet, dann kann aber auch umgekehrt Person 2 an Person 1 eine Mail senden, somit gibt es um den Faktor 2! = 2 mehr Möglichkeiten, also $\binom{10}{2} \cdot 2 = 10 \cdot 9$ Möglichkeiten.

Bemerkung:
Werden z.B. aus einer Urne mit 10 Kugeln mit den Nummern 1 bis 10 insgesamt 3 Kugeln ohne Zurücklegen und ohne Beachtung der Reihenfolge gezogen, gibt es $\binom{10}{3} = \frac{10!}{3! \cdot (10-3)!} = \frac{10 \cdot 9 \cdot 8}{3 \cdot 2 \cdot 1}$ Möglichkeiten, was auch mit dem Taschenrechner mit 10 nCr 3 berechnet werden kann. Dass die Reihenfolge nicht relevant ist, wird teils mit „Ziehen mit einem Griff" angedeutet.

Ist die Reihenfolge relevant, gibt es um den Faktor 3! mehr Möglichkeiten, denn wir können die 3 ausgewählten Kugeln jeweils vertauschen. Damit gäbe es hier 10·9·8 Möglichkeiten (Taschenrechner 10 nPr 3). Würde mit Zurücklegen gezogen und wäre die Reihenfolge relevant, gäbe es 10^3 Möglichkeiten.

Vieles kann auf diese Urnenmodelle übertragen werden. Wird zweimal hintereinander gewürfelt und werden die Ziffern notiert, dann gibt es 6^2 Möglichkeiten. Werden von 10 Personen 3 ausgewählt, gibt es $\binom{10}{3}$ Möglichkeiten. Wir den 3 ausgewählten Personen jeweils eine andere Aufgabe gegeben oder ein anderes Geschenk, dann spielt die Reihenfolge eine Rolle und es gibt 10·9·8 Möglichkeiten.

Aufgaben zur Stochastik

Aufgaben zur Kombinatorik und Wahrscheinlichkeitsbäumen und Erwartungswert

1) In einem Behälter befinden sich 100 Lose. Davon sind 80 Nieten, auf 15 Losen steht eine Gewinn von 5€ und auf 5 ein Gewinn von 10€.

Es werden 2 Lose gezogen. Wie groß ist die Wahrscheinlichkeit, dass man
a) zwei Nieten erhält?
b) 10€ gewinnt?
c) 20€ gewinnt?

2) Ein Spielautomat hat 3 Felder, wobei auf jedem die Ziffern von 1 bis 5 erscheinen können. Erscheinen drei gleiche Ziffern, gewinnt man 10€. Wenn genau zwei gleiche Ziffern erscheinen, gewinnt man 5€. Sind alle Ziffern verschieden, so gewinnt man 0€.
Wie große ist der **Erwartungswert** für den Gewinn (d.h. des Bruttogewinns ohne Berücksichtigung eines Einsatzes)?

3) Zwei Torschützen schießen jeweils einmal auf ein Tor. Der Eine trifft mit einer Wahrscheinlichkeit von 40% und der Andere mit einer Wahrscheinlichkeit von 50%. Wie groß ist die Wahrscheinlichkeit, dass
a) beide treffen?
b) nur genau einer der beiden Trifft?
c) beide nicht treffen?

4) Der Autohersteller X hat folgende Zahlen veröffentlicht: 20% aller produzierten PKW sind rot, und 40% sind blau.

Jemand hat 3 PKW dieses Herstellers gesehen. Wie groß ist die Wahrscheinlichkeit, dass
a) alle gesehenen PKW blau waren?
b) der erste gesehene PKW rot und die anderen beiden blau waren?
c) einer blau, einer rot und einer eine andere Farbe hatte?

5) In einem Verein sind 30 Mädchen und 28 Jungs. 3 Mädchen und 3 Jungs sollen einen Ausflug organisieren. Wie viele Möglichkeiten gibt es für die Auswahl der 3 Mädchen und 3 Jungs?

6) In einer Urne sind 4 Kugeln auf denen die Buchstaben A, B, M und U stehen. Es werden alle 4 Kugeln hintereinander gezogen und in der Reihenfolge der Ziehung auf den Tisch gelegt. Wie groß ist die Wahrscheinlichkeit, dass das Wort BAUM zustande kommt?

7) Es stehen zwei Urnen auf einem Tisch. In der ersten Urne sind 8 rote und 12 schwarze Kugeln. In der zweiten Urne sind 15 rote und 5 schwarze Kugeln. Es wird zuerst eine Urne ausgewählt und dann eine Kugel aus dieser gezogen.
a) Wie groß ist die Wahrscheinlichkeit, dass die Kugel rot ist?
b) Es wurde eine rote Kugel gezogen. Wie groß ist die Wahrscheinlichkeit, dass diese aus Urne 1 stammt? (**Bedingte Wahrscheinlichkeiten.**)

8) Es werden 2 faire Würfel gewürfelt. Wie groß ist die Wahrscheinlichkeit, dass
(a) das Produkt der Augenzahlen gleich 6 ist?
(b) das Produkt der Augenzahlen höchstens gleich 4 ist?
(c) das Produkt der Augenzahlen größer als 2 ist?
(d) Wie groß ist der **Erwartungswert** der Zufallsvariable X, wenn X das Produkt der Augenzahlen ist?

9) In einer Urne sind 10 Kugeln, wobei einige rot und einige blau sind. Wie viele rote Kugeln sind in der Urne, wenn die Wahrscheinlichkeit für das Ziehen zweier roter Kugeln (ohne Zurücklegen) 1/3 beträgt?

10) Bei einer Fahrkatenkontrolle befinden sich 100 Personen in einem Zug, wobei 5 keine Fahrkarte haben. Es werden 3 Personen kontrolliert. Wie groß ist die Wahrscheinlichkeit, dass bei dieser Kontrolle
a) keine Person ohne Fahrkarte dabei ist?
b) mindestens eine Person keine Fahrkarte hat?
c) genau drei Personen ohne Fahrkarte dabei sind?

Aufgaben zur Binomialverteilung

11) Es werden 100 Blumensamen gesät. Der Käuferin der 100 Samenkörner wurde mitgeteilt, dass die Wahrscheinlichkeit, mit der ein Samenkorn nicht auf geht, 10% beträgt.
I) Wie groß ist die Wahrscheinlichkeit, dass
a) genau 8 Körner nicht aufgehen?
b) höchsten 8 nicht aufgehen?
c) mindestens 12 nicht aufgehen?
d) von 8 bis 12 nicht aufgehen?

II) Wie viele Körner muss man mindestens pflanzen, damit mit einer Wahrscheinlichkeit von mind. 95% mindestens ein Korn nicht aufgeht.

III) Wenn mehr als 14 Körner nicht aufgehen, möchte sich die Käuferin der Samenkörner beschweren. Wie groß ist die Wahrscheinlichkeit, dass sie sich zu Unrecht beschwert (d.h. dass die Wahrscheinlichkeit für das Nichtaufgehen eines Korns doch 10% beträgt)?

12) Es wird ein „unfairer" Würfel geworfen. Wie groß ist die Wahrscheinlichkeit für das Auftreten einer 6 bei einem Wurf höchstens, wenn die Wahrscheinlichkeit, dass mindestens eine 6 bei fünfmaligen Würfeln geworfen wird, unter 10% liegt?

13) Eine Kiste enthält 10 Lampen. Eine Lampe ist mit einer Wahrscheinlichkeit von 10% defekt. Wir gehen von einer Binomialverteilung der Anzahl der defekten Lampen aus (d.h. wir wissen nicht, dass unter den 10 genau eine defekte Lampe ist, sondern wir kennen nur die Wahrscheinlichkeit für eine defekte Lampe).
a) Es werden aus einer Kiste 10 Lampen entnommen. (I) Wie groß ist die Wahrscheinlichkeit, dass genau 2 defekt sind? (II) Wie groß ist die Wahrscheinlichkeit, dass beim Entnehmen (nacheinander) der Lampen aus der Kiste genau die ersten beiden Lampen defekt sind?
b) Ein Käufer hat beschlossen, eine gelieferte Kiste dann zurückzuschicken, wenn mehr als 2 Lampen defekt sind. (I) Wie groß ist die Wahrscheinlichkeit dafür, dass er eine Kiste nicht zurückschickt? (II) Wie groß ist die Wahrscheinlichkeit, dass er von 100 Kisten mindestens eine zurückschickt?

Aufgabe zu Hypothesentests

14) Bei einem Würfelspiel hat sich Jenny notiert, wie oft sie bei den letzten 100 Würfen eine 6 geworfen hat. Sie hat nur 8-mal eine 6 geworfen.
a) Wie viele Sechsen waren zu erwarten?
b) Da sie vermutet, dass ihr Würfel zu wenig Sechsen „erzeugt", möchte sie einen Test durchführen mit den Hypothesen H_0: p ≥ 1/6 und H_1: p < 1/6. Die Irrtumswahrscheinlichkeit soll 5% betragen. Kann sie die Nullhypothese verwerfen?

Lösungen:
Bei den Lösungen wird die Berechnung beschrieben aber nicht immer das Endergebnis angegeben, da hier Primär die Art der Berechnung gezeigt werden soll.

1) Für dieses Problem könnte man einen Baum zeichnen:

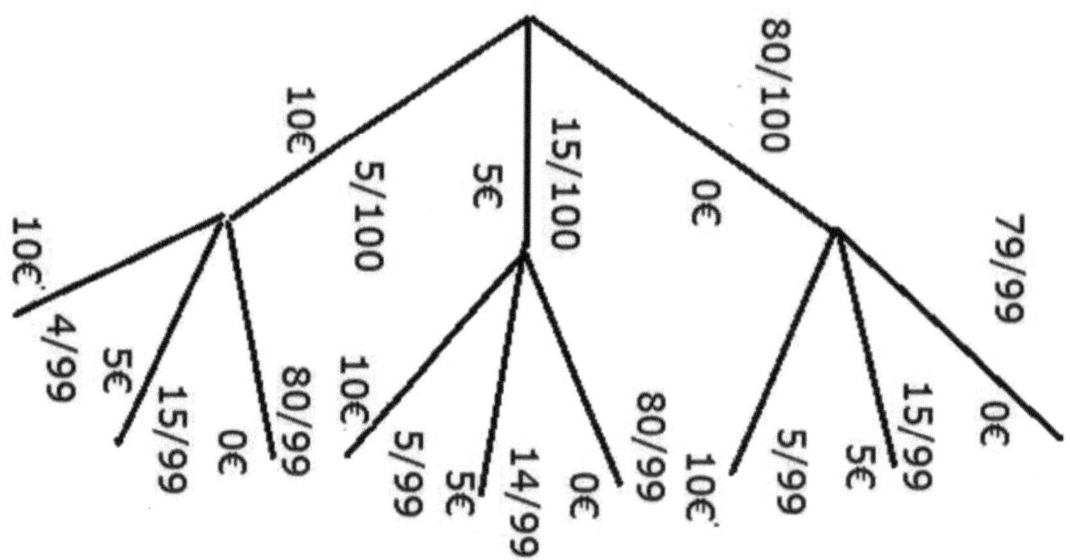

a) $P(\text{„zwei Nieten"}) = \dfrac{80}{100} \cdot \dfrac{79}{99}$

b) $P(\text{„10€ Gewinn"}) = \dfrac{80}{100} \cdot \dfrac{5}{99} + \dfrac{5}{100} \cdot \dfrac{80}{99} + \dfrac{15}{100} \cdot \dfrac{14}{99}$

c) $P(\text{„20€ Gewinn"}) = \dfrac{5}{100} \cdot \dfrac{4}{99}$

2) Es gibt 5^3 mögliche Ziffernkombinationen. Davon wären 111, 222, …, 555 die 5 Möglichkeiten für 3 gleiche Ziffern. Es sei X die Zufallsvariable Gewinn in Euro.

Dann gilt:

$P(X = 10€) = 5/5^3 = 1/25$

Wenn die ersten beiden Ziffern gleich wären, dann gäbe es für die erste Position 5 Möglichkeiten, die zweite Position muss dann gleich sein und bei der dritten Position gäbe es noch 4 Möglichkeiten, also insgesamt 5·4 Möglichkeiten. Nun können aber die ersten beiden Positionen gleich sein, die erste und die dritte Position oder die hinteren beiden Positionen. Es gibt als 3 mal 5·4 Möglichkeiten.

Die Drei ergibt sich auch, wenn man zwei von drei Feldern auswählen muss, die gleich sind:

$$\binom{3}{2} = 3$$

Damit gilt:

$P(X = 5€) = 3·5·4/5^3 = 12/25$

Da, falls alle Ziffern verschieden sind, 0€ ausgezahlt werden, benötigen wir diese Wahrscheinlichkeit nicht für den Bruttogewinn. Die Wahrscheinlichkeit dafür würde sich aber so ergeben:

Es gibt $\binom{5}{3} · 3! = 5·4·3$ Möglichkeiten, von 5 Ziffern 3 verschiedene auszuwählen, wenn die Reihenfolge relevant ist.

Also gilt:

$P(X = 0€) = 5·4·3/5^3 = 12/25$

Dieser Wert würde sich auch über $1 - 1/25 - 12/25$ ergeben, da es nur 3 Möglichkeiten gibt (genau drei Ziffern sind gleich, genau zwei Ziffern sind gleich oder alle sind verschieden) und die Summe aller Wahrscheinlichkeiten 1 ergibt.

Wir stellen die Wahrscheinlichkeiten zur Berechnung des Erwartungswertes in einer Tabelle dar:

x_i	$P(X = x_i)$	$x_i·P(X = x_i)$
10€	1/25	2/5€
5€	12/25	12/5€
0€	12/25	0€
	Summe bzw. E(X)	14/5€

Somit wäre der Erwartungswert des Gewinns gleich 2,80€, was auch der Einsatz bei einem „fairen Spiel" wäre, wenn man keine sonstigen Kosten (z.B. Stromkosten oder Anschaffungskosten) berücksichtigt.

Bei einem Einsatz von 2,80€ wäre der Erwartungswert des Nettogewinns gleich 0€.

3) Die Wahrscheinlichkeiten könnte man in einem Baumdiagramm eintragen. Dabei ist es egal, wer zuerst schießt (da wir davon ausgehen, dass die beiden Ereignisse unabhängig sind). Wir nennen den Schützen, der mit einer Wahrscheinlichkeit von 40% trifft, einfach mal Schütze 1. Wir legen folgende Ereignisse fest: Es sei A = „Schütze 1 trifft" und B = „Schütze 2 trifft".

Nun gilt:

$P(A) = 0{,}4$ und $P(\overline{A}) = 1 - 0{,}4 = 0{,}6$

$P(B) = 0{,}5$ und $P(\overline{B}) = 1 - 0{,}5 = 0{,}5$

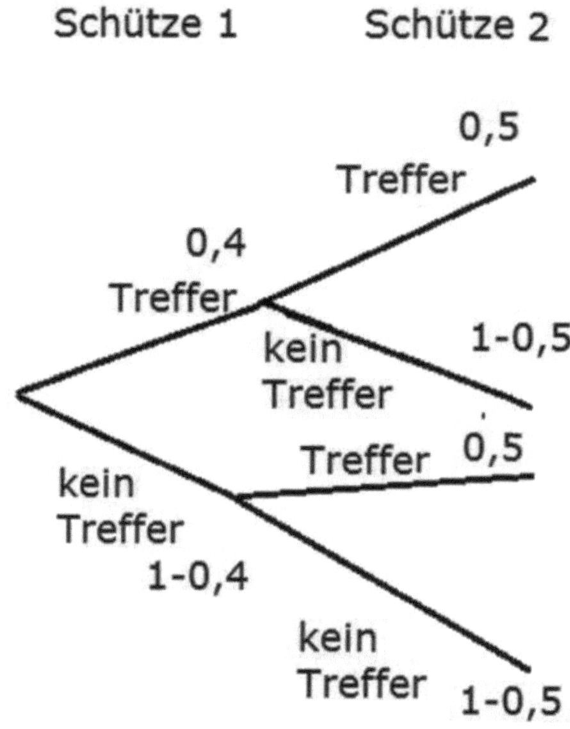

a) $P(\text{„beide treffen"}) = P(A) \cdot P(B) = 0{,}4 \cdot 0{,}5 = 0{,}20$

b) $P(\text{„genau einer der beiden trifft"}) = P(A) \cdot P(\overline{B}) + P(\overline{A}) \cdot P(B) = 0{,}4 \cdot 0{,}5 + 0{,}6 \cdot 0{,}5 = 0{,}50$

c) $P(\text{„beide treffen nicht"}) = P(\overline{A}) \cdot P(\overline{B}) = 0{,}6 \cdot 0{,}5 = 0{,}30$

4) Die Wahrscheinlichkeiten könnte man wieder in ein Baumdiagramm eintragen. Für die Aufgabenteile a) und b) würde ein Baumdiagramm genügen, welches nur die Farben rot (r) und blau (b) berücksichtigt, wobei man auch ohne Baumdiagramm auskommen könnte.

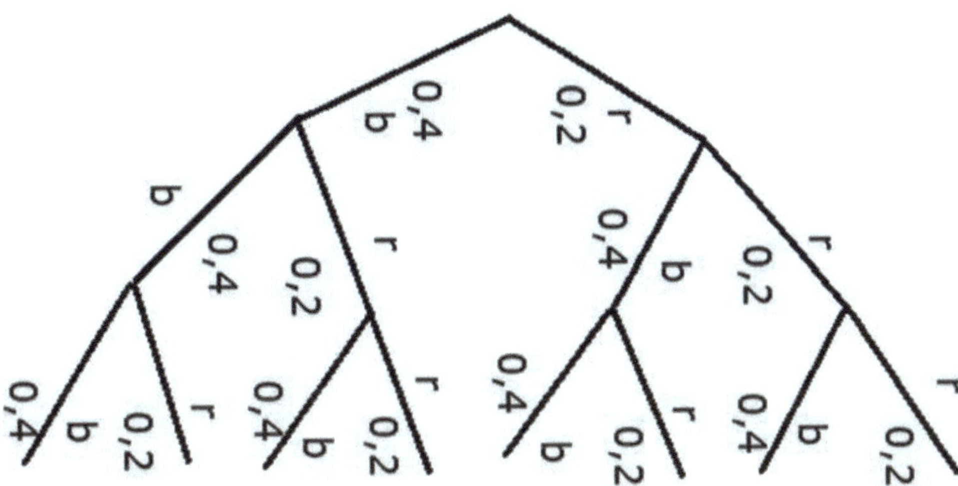

a) $P(\{(b, b, b)\}) = 0{,}4^3 = 0{,}064$

b) $P(\{(r, b, b)\}) = 0{,}2 \cdot 0{,}4^2 = 0{,}032$

c) Den Baum für diesen Aufgabenteil zeichnen wir nicht. Da hier keine Reihenfolge vorgegeben ist, müssen alle Reihenfolgen bzw. Permutationen berücksichtigt werden. Wir kürzen die anderen Farben mit a ab. Die Wahrscheinlichkeit für eine andere Farbe beträgt $1 - 0{,}2 - 0{,}4 = 0{,}4$.

Es gilt $P(\{(a, r, b)\}) = 0{,}4 \cdot 0{,}2 \cdot 0{,}4 = 0{,}032$, aber auch $P(\{(r, a, b)\}) = 0{,}2 \cdot 0{,}4 \cdot 0{,}4 = 0{,}032$. Nun gibt es $3! = 6$ mögliche Permutationen (oder 6 Äste im Baumdiagramm, die berücksichtigt werden müssten):

$P(\text{„ein PKW ist rot, einer ist blau und einer hat eine andere Farbe“}) = 6 \cdot 0{,}032 = 0{,}192$

5) Es gibt $\binom{30}{3}$ Möglichkeiten aus 30 Mädchen 3 auszuwählen und $\binom{28}{3}$ aus 28 Jungs 3 auszuwählen. Da man beides kombinieren kann, gibt es

$$\binom{30}{3} \cdot \binom{28}{3}$$

Möglichkeiten.

6) Es wird ohne Zurücklegen gezogen, wobei die Reihenfolge relevant ist. Wenn alle 4 Kugeln gezogen werden, so gibt es $4!$ Möglichkeiten. Nun entsteht nur bei einer dieser Möglichkeiten das Wort BAUM, womit die Wahrscheinlichkeit dafür $1/4!$ beträgt.

7) Wir zeichnen einen Baum.

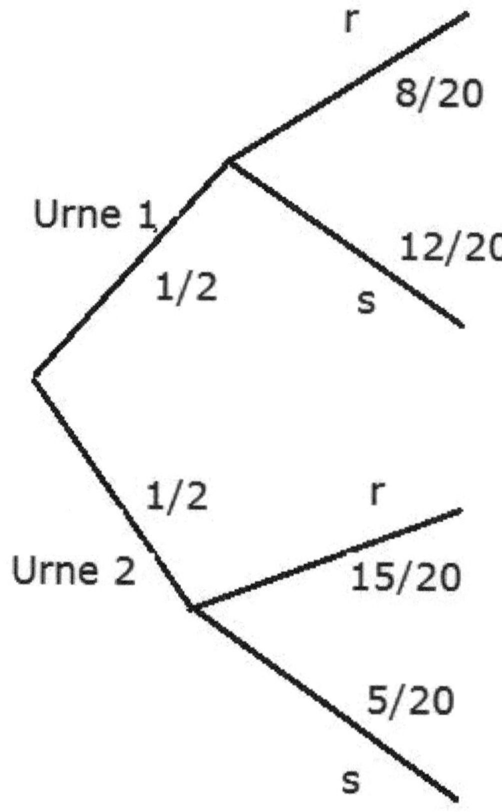

Wir gehen davon aus, dass die Wahrscheinlichkeit für die Auswahl jeder Urne gleich ist, also 50%.

a)
Auch wenn noch keine bedingte Wahrscheinlichkeiten behandelt worden wären, könnte man nun über den Baum die gesuchte Wahrscheinlichkeit berechnen:

$$P(\text{„es wird eine rote Kugel gezogen“}) = \frac{1}{2} \cdot \frac{8}{20} + \frac{1}{2} \cdot \frac{15}{20} = \frac{23}{40} = 57{,}5\%$$

Für Aufgabenteil b) ist es aber „einfacher", wenn man die Notation für bedingte Wahrscheinlichkeiten verwendet. Wir lösen diese Aufgabe nun noch mal mit der für bedingte Wahrscheinlichkeiten üblichen Notation in der Schule. Dazu müssen wir zunächst die relevanten Ereignisse bezeichnen.

R sei das Ereignis, dass eine rote Kugel gezogen wird,
U1 das Ereignis, dass die Urne 1 ausgewählt wird und
U2 das Ereignis, dass die Urne 2 ausgewählt wird.

Nun gilt:
$P_{U1}(R) = 8/20$
$P_{U2}(R) = 15/20$
$P(U1) = 1/2$
$P(U2) = 1/2$

$P(U1 \cap R) = P(U1) \cdot P_{U1}(R) = 1/2 \cdot 8/20$
$P(U2 \cap R) = P(U2) \cdot P_{U2}(R) = 1/2 \cdot 15/20$

$P(R) = P(U1 \cap R) + P(U2 \cap R) = 23/40$

Nun kann man auch die Wahrscheinlichkeit für den Aufgabenteil b) berechnen:

b) $P_R(U1) = \dfrac{P(U1 \cap R)}{P(R)} = \dfrac{1/2 \cdot 8/20}{23/40} = \dfrac{8}{23} \approx 0{,}3478$

8)

Für diese Aufgabe kann man zunächst mal eine Tabelle mit den Produkten der Augenzahlen erstellen.

	Würfel 1					
	1	2	3	4	5	6
1	1	2	3	4	5	6
2	2	4	6	8	10	12
3	3	6	9	12	15	18
4	4	8	12	16	20	24
5	5	10	15	20	25	30
6	6	12	18	24	30	36

(Zeilen mit **Würfel 2** beschriftet.)

Für X = Produkt der Augenzahlen.

(a) $P(X = 6) = \dfrac{4}{36} = \dfrac{1}{9}$ \qquad $(= P(\{(1; 6), (6; 1), (2; 3), (3; 2)\}))$

(b) $P(X \leq 4) = \dfrac{4+2+1+1}{36} = \dfrac{8}{36} = \dfrac{2}{9}$

(c) $P(X > 2) = 1 - P(X \leq 2) = 1 - \dfrac{3}{36} = \dfrac{11}{12}$

(d) $E(X) = 1 \cdot P(X = 1) + \cdots + 36 \cdot P(X = 36)$

$= 1 \cdot \dfrac{1}{36} + 2 \cdot \dfrac{2}{36} + 3 \cdot \dfrac{2}{36} + 4 \cdot \dfrac{3}{36} + \cdots + 36 \cdot \dfrac{1}{36}$

$= 49/4$

9) Wenn x rote Kugeln (r) in der Urne sind, dann beträgt die Wahrscheinlichkeit für das Ziehen zweier roter Kugeln ohne Zurücklegen

$$P(\{(r,r)\}) = \dfrac{x(x-1)}{10 \cdot 9} ,$$

denn nach dem ersten Zug einer roten Kugel sind noch $x - 1$ rote Kugeln in der Urne. Damit gilt:

$$\frac{x(x-1)}{10 \cdot 9} = 1/3 \quad | \cdot 90$$

$$x^2 - x = 30 \quad | -30$$

$$x^2 - x - 30 = 0$$

Mit der p-q-Formel ergibt sich:

$$x_{1/2} = 1/2 \pm \sqrt{1/4 + 30}$$

Damit ist $x_1 = 6$ und $x_2 = -5$. Damit sind 6 rote Kugeln in der Urne (vor dem Ziehen).

10) Man könnte bei dieser Aufgabe ein Baumdiagramm zeichnen, was aber nicht notwendig ist, denn wir können diese Aufgabe auch ohne Baum lösen. Die Zufallsvariable für die Anzahl der Personen ohne Fahrkarte bezeichnen wir mit X. Aus 100 Personen werden drei ausgewählt (ziehen ohne Zurücklegen und die Reihenfolge ist hier auch irrelevant).

a) Von den 5 Personen ohne Fahrkarte soll keine dabei sein, womit von den 95 Personen mit Fahrkarte 3 kontrolliert werden:

$$P(X = 0) = \frac{\binom{5}{0} \cdot \binom{95}{3}}{\binom{100}{3}}$$

b)

$$P(X \geq 1) = 1 - P(X = 0) = 1 - \frac{\binom{5}{0} \cdot \binom{95}{3}}{\binom{100}{3}}$$

c)

$$P(X = 3) = \frac{\binom{5}{3} \cdot \binom{95}{0}}{\binom{100}{3}}$$

Bemerkung:

$\binom{n}{0} = 1$, womit man Terme dieser Form nicht in den Taschenrechner eingeben muss.

11) Die Zufallsvariable X steht für die Anzahl der Samenkörner, die nicht aufgehen. X ist dann binomialverteilt mit den Parametern $n = 100$ und $p = 0{,}1$.

I)

a) $P(X = 8) = \binom{100}{8} \cdot 0{,}1^8 \cdot (1 - 0{,}1)^{100-8} \approx 0{,}1148$

b) $P(X \leq 8) = P(X = 0) + P(X = 1) + \ldots + P(X = 8) \approx 0{,}3209$

Diese Summe muss nicht berechnet werden, denn diesen Wert kann man aus einer (kumulierten) Tabelle für $n = 100$ und $p = 0{,}1$ ablesen. Eine solche Tabelle findet ihr im Anhang.

Man kann die Wahrscheinlichkeit aber auch unter der www-Adresse http://www.online-datenanalyse.de/Verteilungen/Binomialverteilung.html berechnen und unter http://alles-mathe.de/Binomial-Tabelle/Binomialverteilung-Tab.html kann man beliebige Tabellen erstellen (bis n gleich 100).

c) $P(X \geq 12) = 1 - P(X \leq 11) \approx 1 - 0{,}7030 = 0{,}2970$

d) $P(8 \leq X \leq 12) = P(X \leq 12) - P(X \leq 7) \approx 0{,}8018 - 0{,}2061 = 0{,}5957$

II) Hier ist n gesucht:

$$P(X \geq 1) \geq 0{,}95$$

$$1 - P(X = 0) \geq 0{,}95 \quad | -0{,}95 + P(X = 0)$$

$$0{,}05 \geq P(X = 0)$$

$$0{,}05 \geq \underbrace{\binom{n}{0} \cdot 0{,}1^0}_{=1} \cdot 0{,}9^n$$

$$0{,}05 \geq 0{,}9^n \quad | \lg$$

$$\lg(0{,}05) \geq n \cdot \lg(0{,}9) \quad | : \lg(0{,}9)$$

Da $\lg(0{,}9) < 0$ ist, „dreht sich das $\geq$-Zeichen um":

$$\lg(0{,}05)/\lg(0{,}9) \le n$$

Also muss $n \ge \lg(0{,}05)/\lg(0{,}9) \approx 28{,}43$ sein, womit mindestens 29 Samenkörner gesetzt werden müssen. Man hätte statt lg auch $\log_{0{,}9}$ anwenden können, wenn man diesen auf dem Taschenrechner zur Verfügung hat, womit sich direkt $\log_{0{,}9}(0{,}05) \le n$ ergibt.

III) Die Wahrscheinlichkeit, dass sie sich zu Unrecht beschwert, ist gleich die, dass mehr als 14 Samenkörner nicht aufgehen, obwohl die Wahrscheinlichkeit für das Nichtaufgehen eines Korns tatsächlich 10% beträgt ($p = 0{,}1$).

Also berechnen wir:

$P(X > 14)$ für $p = 0{,}1$ und $n = 100$:

$$P(X > 14) = 1 - P(X \le 14) \approx 1 - 0{,}9274 = 0{,}0726$$

Somit beträgt diese Wahrscheinlichkeit rund 7,26%.

12) Hier ist $n = 5$ (5 mal würfeln) und $p = ?$. Die Anzahl der Sechsen ist binomialverteilt.

$$P(X > 1) < 0{,}10$$

$$1 - P(X = 0) < 0{,}1 \quad | +P(X = 0) - 0{,}1$$

$$0{,}9 < P(X = 0)$$

$$0{,}9 < \underbrace{\binom{5}{0} \cdot p^0 \cdot (1-p)^5}_{=1}$$

$$0{,}9 < (1-p)^5 \quad | \sqrt[5]{}$$

$$\sqrt[5]{0{,}9} < 1 - p \quad | +p - \sqrt[5]{0{,}9}$$

$$p < 1 - \sqrt[5]{0{,}9} \approx 0{,}0208516$$

Damit muss die Wahrscheinlichkeit für eine Sechs unter $\approx 2{,}08516\%$ liegen.

13)
a) Die Anzahl der defekten Lampen ist binomialverteilt. Es gilt: $n = 10$ und $p = 0{,}1$.

$$\text{(I)} \quad P(X = 2) = \binom{10}{2} \cdot 0{,}1^2 \cdot 0{,}9^8 \approx 0{,}1937$$

(II) Der Faktor $\binom{n}{k}$ wird deshalb in der Formel

$$P(X = k) = \binom{n}{k} \cdot p^k \cdot (1-p)^{n-k}$$

verwendet, da bei der Binomialverteilung die Reihenfolge keine Rolle spielt.

Damit gibt es bei dieser Aufgabe

$$\binom{10}{2}$$

mögliche Positionen für zwei defekte Lampen unter 10 Lampen, wenn man diese beispielsweise nacheinander aus der Kiste nehmen würde. Da bei (II) die Reihenfolge fest ist, muss der Faktor entfallen und die gesuchte Wahrscheinlichkeit ergibt sich durch

$$0,1^2 \cdot 0,9^8 \approx 0,0043,$$

womit diese rund 0,43% beträgt.

b)
(I) Der Käufer würde die Kiste nicht zurückschicken, wenn höchstens zwei Lampen defekt sind. Die Wahrscheinlichkeit dafür beträgt:

$$P(X \leq 2) \approx 0,9298 \text{ (Tabelle der Binomialverteilung mit } n = 10 \text{ und } p = 0,1.)$$

(II)
Die Wahrscheinlichkeit, dass eine Kiste zurückgeschickt wird, beträgt

$$P(X > 2) = 1 - P(X \leq 2) \approx 0,0702,$$

wobei X binomialverteilt ist mit den Parametern $n = 10$ und $p = 0,1$.

Die Anzahl der Kisten, die zurückgeschickt werden, ist ebenfalls binomialverteilt. Hier ist nun $n = 100$ und $p \approx 0,0702$ (= Wahrscheinlichkeit dafür, dass eine Kiste zurückgeschickt wird).

Die Zufallsvariable für die Anzahl der zurückgeschickten Kisten bezeichnen wir mit Y. Die gesuchte Wahrscheinlichkeit beträgt dann

$$P(Y \geq 1) = 1 - P(Y = 0) = 1 - \binom{100}{0} \cdot p^0 \cdot (1-p)^{100} \approx 1 - 0,00069 = 0,99931.$$

Also ist mit einer Wahrscheinlichkeit von rund 99,931% mindestens eine Kiste unter 100 Kisten dabei, die zurückgeschickt wird, weil in dieser mehr als 2 Lampen defekt sind.

14)

a) Es sind $E(X) = n \cdot p = 100 \cdot 1/6 = 50/3$ Sechsen zu erwarten.

b) Mit H_0: $p \geq 1/6$ und H_1: $p < 1/6$ muss H_0 verworfen werden, wenn „zu wenig" Sechsen gewürfelt werden. Also liegt der kritische Bereich K auf der linken Seite:

$$K = \{0, 1, \ldots, k_u\}$$

Der kritische Bereich K ist der Ablehnungsbereich für H_0.

Also wird das größte k_u gesucht, für das (mit $n = 100$ und $p = 1/6$) folgendes gilt:

$$P(X \leq k_u) \leq \alpha = 0,05$$

k	n=100	
	p = 0,1	p = 1/6
0	0,0000	0,0000
1	0,0003	0,0000
2	0,0019	0,0000
3	0,0078	0,0000
4	0,0237	0,0001
5	0,0576	0,0004
6	0,1172	0,0013
7	0,2061	0,0038
8	0,3209	0,0095
9	0,4513	0,0213
10	**0,5832**	**0,0427**
11	0,7030	0,0777

Wir lesen dieses aus der Tabelle für $n = 100$ und $p = 1/6$ ab (siehe Tabelle oben oder im Anhang):

$$k_u = 10 \text{ und somit } K = \{0, 1, \ldots, 10\}.$$

Da nur 8 Sechsen gewürfelt wurden und 8 im kritischen Bereich liegt, kann H_0 verworfen werden. Die Anzahl der Sechsen ist somit signifikant zu niedrig.

Weitere Aufgaben mit Lösungen zur Stochastik findet ihr unter http://www.mathe-total.de/Aufgabenblaetter/Abi-Stochastik.pdf.

Aufgaben zur Statistik

1) Gegeben ist die Stichprobe: 5€, 15€, 8€, 10€, 12€.

Es soll das Minimum, das Maximum, der Median und der Mittelwert bestimmt werden, sowie die Varianz und die Standardabweichung.

2) Gegeben ist die Stichprobe: 180, 160, 150, 160, 170, 180, 175, 150.

Gesucht werden das Minimum, das Maximum, der Median und der Mittelwert.

Ändert sich der Median, wenn die beiden 180 jeweils durch eine 200 ersetzt werden?

3) Gegeben ist das folgende Balkendiagramm, in dem das Ergebnis einer Umfrage nach dem Körpergewicht dargestellt wird:

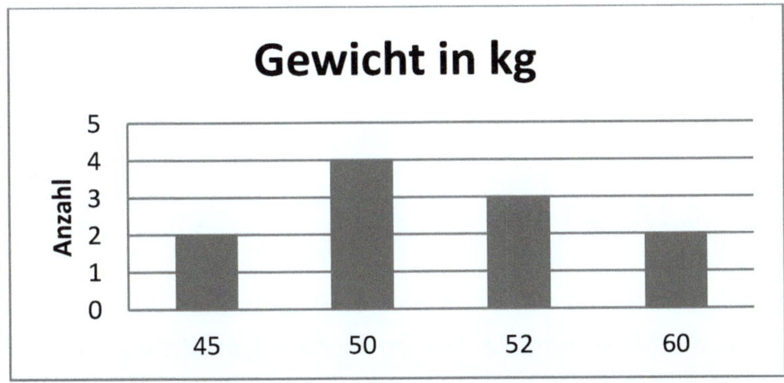

   a)   Wie viele Personen wogen 50 kg und wie groß ist der relative bzw. prozentuale Anteil?
   b)   Wie viele Personen wurden befragt?
   c)   Wie groß ist der Median und wie ist dieser zu interpretieren?
   d)   Gesucht werden der Mittelwert, das Minimum und das Maximum.

4) Es wurden 10 Personen nach dem Monatsnettoeinkommen gefragt. Die Umfrage ergab folgende Werte: 1200€, 1500€, 1600 €, 1800 €, 2500 €, 2500 €, 3000 €, 3600 €, 4000 €, 6800 €.

a) Gesucht werden der Median, das untere Quartil (Q1 oder Q25 bzw. 25 % Quartil), das obere Quartil (Q3 oder Q25 bzw. 75 % Quartil), sowie das Minimum und das Maximum. Diese Kenngrößen sollen in einem Boxplot dargestellt werden (1 cm entsprechen 500 €).

b) Was fällt beim Vergleich des Medians mit dem Mittelwert (arithmetisches Mittel) auf?

 Boxplot:

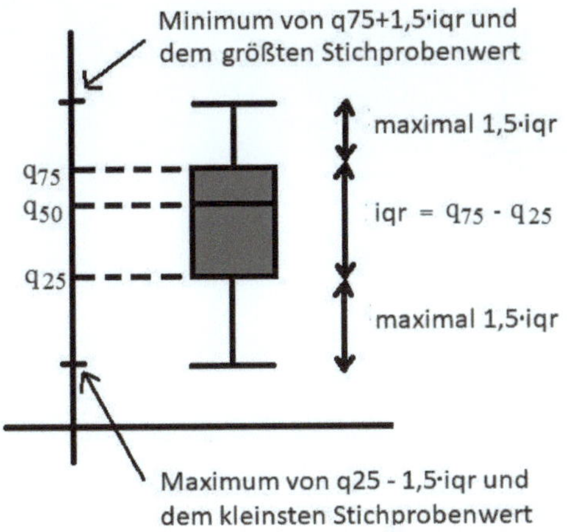

Lösungen

1) Die sortierte Stichprobe wird für den Median benötigt: 5€, 8€, 10€, 12€, 15€.

   Das Minimum beträgt 5€ und das Maximum 15€.

   Median: Anzahl n = 5. Die Anzahl ist ungerade, womit sich ein Wert in der Mitte befindet. Wir bestimmen die Position in der sortierten Stichprobe: 5 · 0,5 = 2,5. Ergibt sich keine ganze Zahl - wie hier -, müssen wir immer aufrunden und der Medien ist bei n = 5 der 3. Wert in der sortieren Stichprobe: Median = 10 €

   Der Mittelwert bzw. das arithmetische Mittel ist die Summe aller Wert dividiert durch die Anzahl:

   $\bar{x}$ = (5 € + 8€ + 10€ + 12 € + 15€) / 5 = 10€

   Die Varianz (wir verwenden, wie in der Schulmathematik üblich, den Faktor 1/n):

   s^2 = ((5 € - 10€)^2 + (8€ - 10€)^2 + (10€ - 10€)^2 + (12€ - 10€)^2 + (15€ - 10€)^2) / 5 = 11,6€^{2}

   Zur Berechnung der Varianz wurde von jedem Stichprobenwert x_i der Mittelwert $\bar{x}$ subtrahiert und das Ergebnis quadriert: $(x_i - \bar{x})^2$. Die Summe dieser Quadratwerte durch n dividiert ergibt die Varianz. Siehe: http://mathe-total.de/Stochastik/Stichproben-und-deren-Kenngroessen.pdf

   Die Standardabweichung: s = $\sqrt{s^2}$ = $\sqrt{11,6€^2}$ ≈ 3,41€

2) Sortierte Stichprobe: 150, 150, 160, 160, 170, 175, 180, 180.

   Das Minimum ist 150 und das Maximum 180.

   Median: Anzahl n = 8. Die Anzahl ist gerade und 8 · 0,5 = 4. Wenn sich eine ganze Zahl ergibt, wie immer bei einer geraden Anzahl, muss der Mittelwert der beiden Werte in der Mitte gebildet werden, also hier aus dem 4. und dem 5. Wert (also aus dem (n/2)-ten und (n/2+1)-ten Wert).

   Median = (160 + 170) / 2 = 165

   Mittelwert: $\bar{x}$ = (150 + 150 + 160 + 160 + 170 + 175 + 180 + 180) / 8 = 165,625

   Für die Berechnung des Mittelwerts muss natürlich nicht sortiert werden. Der Median ändert sich nicht, wenn wir die 180 jeweils durch eine 200 ersetzen, denn auch bei der Stichprobe 150, 150, 160, 160, 170, 175, 200, 200 ist der Median 165. Der Mittelwert würde sich aber ändern.

3) Wir können die absoluten Häufigkeiten im Diagramm ablesen:

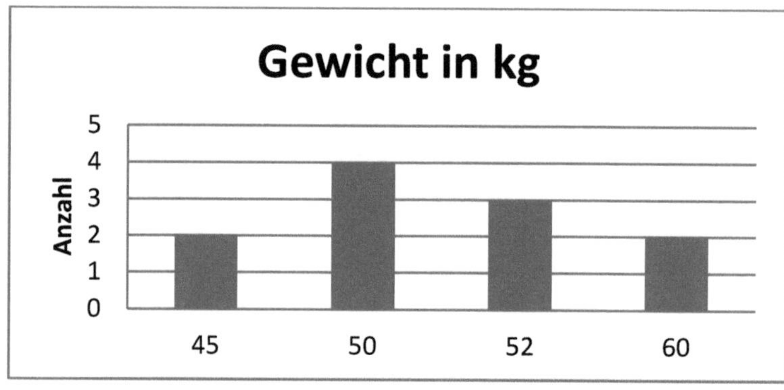

Es ergibt sich die folgende Häufigkeitstabelle:

Gewicht in kg	absolute Häufigkeit
45	2
50	4
52	3
60	2

Die sortiere Stichprobe wäre 45, 45, 50, 50, 50, 50, 52, 52, 52, 60, 60 (alles in kg).

a) 4 Personen wogen 50 kg und die relative Häufigkeit dafür ist absolute Häufigkeit durch die Anzahl dividiert, also $4/11 \approx 0{,}364 = 36{,}4\,\%$.

b) Wie viele Personen wurden befragt? $n = 2 + 4 + 3 + 2 = 11$

c) Der Median ist der 6. Wert in der sortierten Stichprobe (da $11 \cdot 0{,}5 = 5{,}5$ und 5,5 aufgerundet 6 ergibt). Der 6. Wert ist 50 kg, was auch an der Tabelle gesehen werden kann. Der Median ist damit 50 kg und mindestens die Hälfte der Werte sind kleiner oder gleich 50 kg. Damit wiegen mindestens die Hälfte der Personen höchstens 50 kg.

d) Mittelwert: $\bar{x} = (2 \cdot 45\ \text{kg} + 4 \cdot 50\ \text{kg} + 3 \cdot 52\ \text{kg} + 2 \cdot 60\ \text{kg}) / 11 \approx 51{,}45\ \text{kg}$
Der Mittelwert liegt „nahe" beim Median, da das Balkendiagramm „fast" symmetrisch ist.
Minimum: 45 kg
Maximum: 60 kg

4) Die Stichprobe ist bereits sortiert: 1200€, 1500€, 1600 €, 1800 €, 2500 €, 2500 €, 3000 €, 3600 €, 4000 €, 6800 €.

a) $n = 10$ und gerade, so dass wir für den Median wieder den Mittelwerte aus dem 5. Wert (da $10 \cdot 0{,}5 = 5$ ganzzahlig ist) und dem 6. Wert der sortierten Stichprobe berechnen müssen.
Median = (2500 € + 2500 €) / 2 = 2500 €. Der Median ist das mittlere Quartil (bzw. das 50% Quartil).

Wir bestimmen die Position des unteren Quartils: $10 \cdot 0{,}25 = 2{,}5$. Hätte sich eine ganze Zahl ergeben, z.B. 2, dann wäre das untere Quartil der Mittelwert des 2. und 3. Wertes der sortierten Stichprobe. Da sich keine ganze Zahl ergibt, runden wir auf und Q25 = 1600 € (der 3. Wert).

Zur Position des oberen Quartils: $10 \cdot 0{,}75 = 7{,}5$, also der 8. Wert (bzw. der 3. Wert von hinten). Damit gilt: Q75 = 3600 €

Das Minimum beträgt 1200 € und das Maximum beträgt 6800 €.

Zum Boxplot: 1 cm entspricht 500 €, 2 cm entsprechen damit 1000 € und 0,2 cm entsprechen 100 €. Wir wählen eine Boxhöhe von 1,5 cm (ist relativ egal).

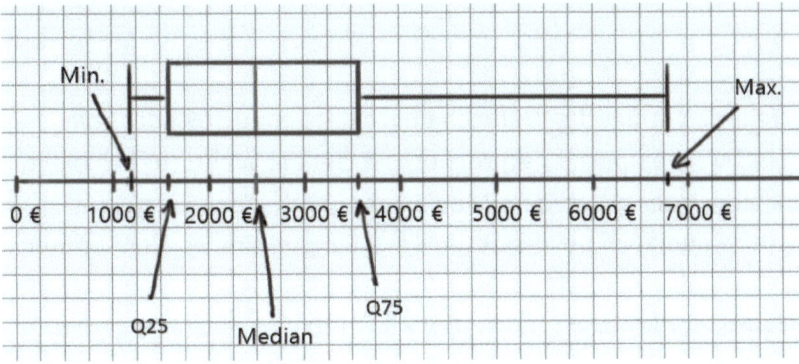

Die Box zeigt den Bereich der „mittleren 50 %", denn mindestens 25 % der Personen haben bis zu 1600 € verdient und mindestens 75 % bis zu 3600 €. Die schwarzen senkrechten Striche links und rechts kennzeichnen oben noch das Minimum und das Maximum und die rote Linie in der Box den Median (mindestens 50 % haben bis zu 2500 € verdient). Wir haben beim obigen einfacheren Boxplot die „Whiskers" jeweils bis zum minimalen oder maximalen Wert gezeichnet. Der größte Wert ist hier ziemlich weit von den mittleren 50% entfernt. Hierzu sei folgendes bemerkt: Ist der kleinste bzw. größte Wert weiter als 1,5·(Q75 − Q25) von Q75 bzw. Q25 entfernt, dann gehen die Whiskers in der Regel nur bis zum Minimum bzw. Maximum. Details hierzu sind unter http://www.mathe-total.de/Buecher/Einstieg-in-die-angewandte-Statistik/Einstieg-in-die-Datenanalyse-mit-SPSS.pdf auf Seite 24 zu sehen. Wir sehen damit oben eine einfachere Variante eines Boxplot. Q75 − Q25 ist der Interquartilsabstand (iqr). Genau genommen sind die Whiskers maximal 1,5·(Q75 − Q25) = 1,5·(3600 € -1600 €) = 3000 € lang. Damit würde der obere Whisker nur bis zu Q75 + 1,5·(Q75 − Q25) = 3600 € + 3000 € = 6600 € gehen und nicht bis zum Maximum von 6800 €. Der untere Whisker kann bis zu Q25 - 1,5·(Q75 − Q25) = 1600 € - 3000 € = -1400 € gehen. Da aber das Minimum bei 1200 € liegt, geht dieser nur bis zu den Minimum. Analog würde der obere Whisker nur bis zum Maximum gehen, wenn dieses kleiner als 6600 € wäre. Hier mit angepasstem oberem Whisker:

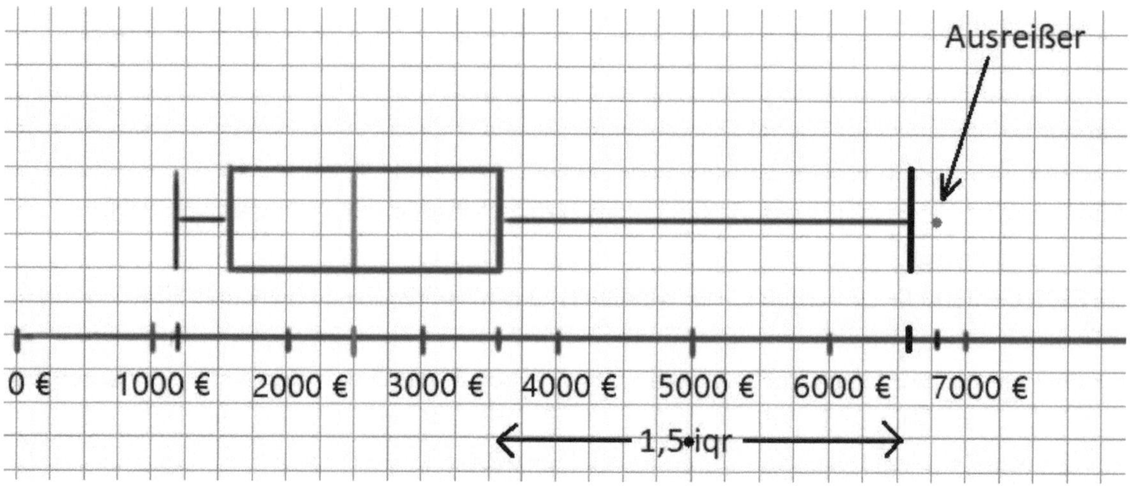

b) Es soll der Median mit dem Mittelwert (arithmetisches Mittel) verglichen werden:
Der Median lag bei 2500 € und der Mittelwert beträgt:
(1200€ + 1500€ + 1600 € + 1800 € + 2500 € + 2500 € + 3000 € + 3600 € + 4000 € + 6800 €)/10 = 2850 €

Der Mittelwert liegt durch den großen Wert 6800 €, der relativ weit von den restlichen Werten entfernt liegt, 350 € über dem Median. Wäre der größte Wert statt 6800 € z.B. 10000 € gewesen, dann läge der Mittelwert mit 3170 € noch weiter über dem Median, der dann immer noch 2500 € betragen würde.

Theoretische Bemerkung:
Bei einer stetigen (theoretischen) Verteilung beträgt die Wahrscheinlichkeit genau 50%, dass ein Wert kleiner oder gleich dem Median ist. Mathematisch gesprochen beträgt die Wahrscheinlichkeit, dass die Zufallsvariable X einen Wert kleiner oder gleich dem Median annimmt, genau 50%: P(X ≤ Median) = 50%. Bei einer Stichprobe und auch bei diskreten Verteilungen sind es nicht immer genau 50%.
Bei der Stichprobe 150, 160, 180, 190 wäre der Median (160 + 180) / 2 = 170 und es wären genau 50% der Wert kleiner oder gleich dem Median. Wenn aber die Stichprobe 150, 160, 160, 190 wäre, dann würden mindestens 50% kleiner oder gleich dem Median von 160 sein, genau genommen 3/4 bzw. 75% aller Werte.
Bei der Stichprobe 5€, 8€, 10€, 12€, 15€ aus Aufgabe 1 sind auch mindestens 50% der Werte kleiner oder gleich dem Median von 10 €, hier genau genommen 3/5 bzw. 60% aller Wert.

Aufgaben zum Erwartungswert und der Varianz

1) Gesucht wird der Erwartungswert und die Varianz der Zufallsvariablen Augenzahl beim Würfeln eines fairen Würfels.

2) Zwei Maschinen produzieren Schrauben, die eine Länge von 10cm haben sollen. Hier sind zwei Tabellen der Längen der Schrauben zu sehen mit den entsprechenden Wahrscheinlichkeiten, mit denen diese vorkommen (Verteilungsdichte).

Maschine 1:

Länge (cm)	9,8	9,95	10	10,05	10,2
Wahrscheinlichkeit	1%	4%	90%	4%	1%

Maschine 2:

Länge (cm)	9,85	9,9	10	10,1	10,15
Wahrscheinlichkeit	4%	6%	80%	6%	4%

Es sollen für die beiden Maschinen getrennt der Erwartungswert und die Standardabweichung der Schraubenlängen bestimmt werden. Was fällt auf und wie ist dies im Sachzusammenhang zu beurteilen?

3) Bei einem Spiel mit einem Einsatz von einem Euro kann 1€ mit einer Wahrscheinlichkeit von 10%, 5 € mit einer Wahrscheinlichkeit von 5% und 10€ mit einer Wahrscheinlichkeit von 2% gewonnen werden.
a) Ist das Spiel fair? Wenn nicht, wie hoch müsste der faire Einsatz sein?
b) Wie könnte der größte Gewinn abgeändert werden, damit das Spiel bei einem Einsatz von 1€ fair wird?

4) Tim und Tom spielen folgendes Spiel: Es wird ein fairer Würfel zweimal geworfen. Bei einem Pasch (zwei gleiche Augenzahlen) muss Tom dem Tim 5€ bezahlten. Kommt kein Pasch, muss Tim dem Tom 1€ zahlen. Ist das Spiel fair? Ist das Spiel fair?

5) Wie hoch wäre der faire Einsatz bei dem folgenden Spiel: Jedes der unten zu sehenden Glücksräder wird einmal gedreht und es wird die Summe der Beträge als Gewinn ausgezahlt.

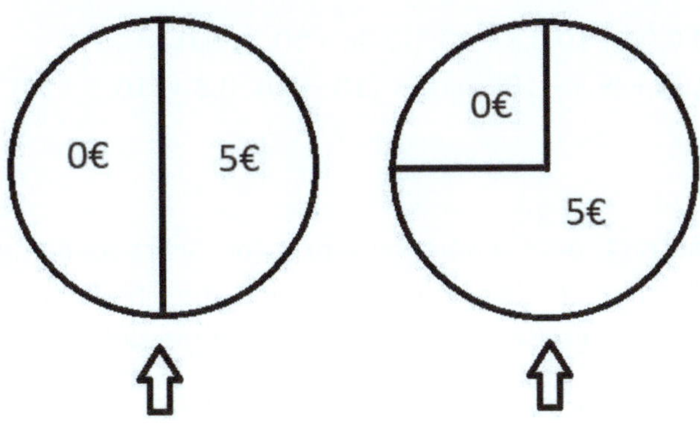

Lösungen:

1) Gesucht wird der Erwartungswert und die Varianz der Zufallsvariablen Augenzahl beim Würfeln eines fairen Würfels.

Augenzahl (x_i)	1	2	3	4	5	6
Wahrscheinlichkeit ($P(X = x_i)$)	1/6	1/6	1/6	1/6	1/6	1/6

$\mu = E(X) = x_1 \cdot P(X = x_1) + x_2 \cdot P(X = x_2) + \dots + x_n \cdot P(X = x_n)$, wobei hier $n = 6$ ist.

$ = 1 \cdot P(X = 1) + 2 \cdot P(X = 2) + \dots + 6 \cdot P(X = 6)$

$\mu = E(X) = 1 \cdot 1/6 + 2 \cdot 1/6 + 3 \cdot 1/6 + 4 \cdot 1/6 + 5 \cdot 1/6 + 6 \cdot 1/6 = 7/2 = 3{,}5$

$\sigma^2 = V(X) = (x_1 - \mu)^2 \cdot P(X = x_1) + (x_2 - \mu)^2 \cdot P(X = x_2) + \dots + (x_n - \mu)^2 \cdot P(X = x_n)$

$\sigma^2 = E(X) = (1 - 3{,}5)^2 \cdot 1/6 + (2 - 3{,}5)^2 \cdot 1/6 + (3 - 3{,}5)^2 \cdot 1/6 + (4 - 3{,}5)^2 \cdot 1/6 + (5 - 3{,}5)^2 \cdot 1/6 + (6 - 3{,}5)^2 \cdot 1/6$

$ \approx 2{,}92$

2) Zwei Maschinen produzieren Schrauben, die eine Länge von 10cm haben sollen. Hier sind zwei Tabellen der Längen der Schrauben zu sehen mit den entsprechenden Wahrscheinlichkeiten, mit denen diese vorkommen (Verteilungsdichte).

Maschine 1:

Länge (cm)	9,8	9,95	10	10,05	10,2
Wahrscheinlichkeit	1%	4%	90%	4%	1%

$\mu_1 = E(X_1) = 9{,}8 \cdot 0{,}01 + 9{,}95 \cdot 0{,}04 + 10 \cdot 0{,}9 + 10{,}05 \cdot 0{,}04 + 10{,}2 \cdot 0{,}01 = 10$

$\sigma_1^2 = V(X_1) = (9{,}8 - 10)^2 \cdot 0{,}01 + (9{,}95 - 10)^2 \cdot 0{,}04 + (10 - 10)^2 \cdot 0{,}9 + (10{,}05 - 10)^2 \cdot 0{,}04 + (10{,}2 - 10)^2 \cdot 0{,}01$

$ = 0{,}001$

$\sigma_1 = \sqrt{0{,}001} \approx 0{,}032$

Maschine 2:

Länge (cm)	9,85	9,9	10	10,1	10,15
Wahrscheinlichkeit	4%	6%	80%	6%	4%

$\mu_1 = E(X_2) = 9{,}85 \cdot 0{,}04 + 9{,}9 \cdot 0{,}06 + 10 \cdot 0{,}8 + 10{,}1 \cdot 0{,}06 + 10{,}15 \cdot 0{,}04 = 10$

$\sigma_2^2 = V(X_2) = (9{,}85 - 10)^2 \cdot 0{,}04 + (9{,}9 - 10)^2 \cdot 0{,}06 + (10 - 10)^2 \cdot 0{,}8 + (10{,}1 - 10)^2 \cdot 0{,}06 + (10{,}15 - 10)^2 \cdot 0{,}04$

$ = 0{,}003$

$\sigma_2 = \sqrt{0{,}003} \approx 0{,}055$

Bei beiden Maschinen beträgt der Erwartungswert der Schraubenlängen 10cm, womit beide Maschinen im „Mittel" die richtige Länge produzieren, aber bei der zweiten Maschine ist die Streuung größer, was man an der größeren Standardabweichung sieht ($\sigma_2 \approx 0{,}055 > \sigma_1 \approx 0{,}032$).

3) Bei einem Spiel mit einem Einsatz von einem Euro kann 1€ mit einer Wahrscheinlichkeit von 10%, 5 € mit einer Wahrscheinlichkeit von 5% und 10€ mit einer Wahrscheinlichkeit von 2% gewonnen werden. Ist das Spiel fair? Wenn nicht, wie hoch müsste der faire Einsatz sein?

a) X sei der Bruttogewinn, ohne Berücksichtigung des Einsatzes:

x_i	$P(X = x_i)$
1€	10%
5€	5%
10€	2%

E(X) = 1€ · 0,1 + 5€ · 0,05 + 10€ · 0,02 = 0,55€

Damit beträgt der mittlere Gewinn pro Spiel 55 Cent. Wenn der Einsatz 1€ beträgt, verliert eine spielende Person im „langfristigen" Durchschnitt 0,45€ pro Spiel. Damit ist das Spiel unfair. Das Spiel ist genau dann fair, wenn der Erwartungswert des Bruttogewinns gleich dem Einsatz ist oder wenn der Erwartungswert des Nettogewinns 0€ beträgt. Damit ist dieses Spiel bei einem Einsatz von 0,55€ fair.

Wir benötigen den Erwartungswert des Nettogewinns nicht, wir berechnen ihn aber zur Information an dieser Stelle (es gilt außerdem $E(X_{Netto}) = E(X) - 1€ = -0,45€$):

x_i	$P(X_{Netto} = x_i)$
1€ - 1€ = 0€	10%
5€ - 1€ = 4€	5%
10€ - 1€= 9€	2%
0€ - 1€= -1€	100% - 10% -5% -2% = 83%

$E(X_{Netto})$ = 0€ · 0,1 + 4€ · 0,05 + 9€ · 0,02 − 1€·0,83 = -0,45€

b)

x_i	$P(X = x_i)$
1€	10%
5€	5%
a	2%

Der größte Gewinn a ist gesucht, damit das Spiel bei einem Einsatz von 1€ fair ist:

E(X) = 1€ · 0,1 + 5€ · 0,05 + a · 0,02 = 1€
                    0,35€ + a · 0,02 = 1€ | -0,35€
                           a · 0,02 = 0,65€ | :0,02
                                a = 32,50€

Also müsste der höchste Gewinn nicht 10€ sondern 32,50€ betragen, damit das Spiel bei einem Einsatz von 1€ fair ist.

4) Bei einem Pasch (zwei gleiche Augenzahlen) muss Tom dem Tim 5€ bezahlten. Kommt kein Pasch, muss Tim dem Tom 1€ zahlen. Ist das Spiel fair?

Wir müssen das Spiel aus der Sicht eines Spielers sehen, sagen wir sehen es aus der Sicht von Tim und X sei der Gewinn von Tim.

Ein Pasch (zwei gleiche Augenzahlen) erscheint mit einer Wahrscheinlichkeit von 6/36 = 1/6. Kein Pasch kommt dann mit einer Wahrscheinlichkeit von 1-1/6 = 5/6. Damit gewinnt Tim mit einer

Wahrscheinlichkeit von 1/6 den Betrag von 5€ und muss aber mit einer Wahrscheinlichkeit von 5/6 den Betrag von 1€ zahlen: E(X) = 5€ · 1/6 − 1€ ·5/6 = 0€. Das Spiel ist fair, denn hier handelt es sich um einen Nettogewinn (alle Einnahmen und Ausgaben wurden in die Rechnung mit einbezogen).

5) Wie hoch wäre der faire Einsatz bei dem folgenden Spiel: Jedes der unten zu sehenden Glücksräder wird einmal gedreht und es wird die Summe der Beträge als Gewinn ausgezahlt.

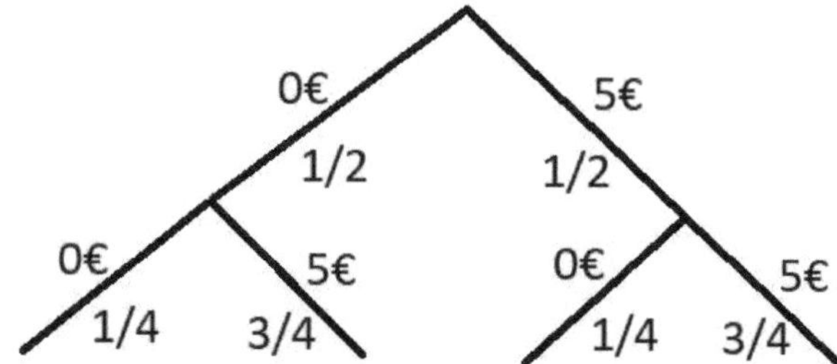

Es gilt:

P(X = 0€) = 1/2 · 1/4 = 1/8
P(X = 5€) = 1/2 · 3/4 + 1/2 · 1/4 = 4/8 = 1/2
P(X = 10€) = 1/2 · 3/4 = 3/8

E(X) = 0€·P(X = 0€) + 5€·P(X = 5€) + 10€·P(X = 10€)
   = 0€ · 1/8 + 5€ · 1/2 + 10€ · 3/8
   = 6,25€

Damit beträgt der faire Einsatz 6,25€ für dieses Spiel.

Aufgaben zu bedingten Wahrscheinlichkeiten

1) Eine Alarmanlage eines speziellen Typs zeigt bei einem Einbruch in 80% der Fälle einen Alarm an. Wenn kein Einbruch geschieht, dann schlägt diese in 5% der Fälle Alarm. Ein Einbruch findet in einer ausgewählten Gegend mit einer Wahrscheinlichkeit von 2% statt.

a) Wie groß ist die Wahrscheinlichkeit, dass die Alarmanlage anspringt (mit oder ohne Einbruch)?
b) Die Alarmanlage schlägt Alarm. Wie groß ist die Wahrscheinlichkeit, dass gerade ein Einbruch stattfindet?

2) In einer Firma rauchen 20% aller Personen. 10% der rauchenden Personen haben eine Lungenerkrankung. Bei den Personen, die nicht rauchen, haben 2% eine Lungenerkrankung.
a) Mit welcher Wahrscheinlichkeit hat einer Person unabhängig vom Rauchen eine Lungenerkrankung?
b) Eine Person hat eine Lungenerkrankung. Mit welcher Wahrscheinlichkeit raucht diese?
c) Gibt es einen Zusammenhang zwischen dem Rauchen und dem Auftreten einer Lungenerkrankung (oder sind dies Eigenschaften bzw. die entsprechenden Zufallsvariablen stochastisch unabhängige)?

3) In einem Wahlbezirk sind 40% der Personen, die die Partei X gewählt haben, älter als 40 Jahre alt. Von denen, die diese nicht gewählt haben, sind nur 25% über 40 Jahre alt. In diesem Bezirk sind 30% über 40 Jahre alt. Wie viel Prozent der Stimmen erhielt die Partei X?

4) An einer Uni wurde eine Umfrage durchgeführt. Erfasst wurde das Geschlecht (m/w) und ob die Person raucht (raucht/raucht nicht). Die Ergebnisse der Umfrage wurden in der unten zu sehenden Vierfeldertafel eingetragen.

	raucht	raucht nicht	Summe
weiblich	150	450	600
männlich	180	220	400
Summe	330	670	1000

a) Wie groß ist die Wahrscheinlichkeit, dass eine Person raucht?
b) Wie groß ist die Wahrscheinlichkeit, dass eine weibliche Person raucht?
c) Es wird eine rauchende Person getroffen, wie groß ist die Wahrscheinlichkeit, dass diese männlich ist?
d) Sind die Zufallsvariablen Geschlecht und Rauchstatus stochastisch unabhängig?

Lösungen:

1) Eine Alarmanlage eines speziellen Typs zeigt bei einem Einbruch in 80% der Fälle einen Alarm an. Wenn kein Einbruch geschieht, dann schlägt diese in 5% der Fälle Alarm. Ein Einbruch findet in einer ausgewählten Gegend mit einer Wahrscheinlichkeit von 2% statt.

Wir benötigen zwei Variablen: A: Alarm und E: Einbruch.
Es gilt:

$$P_E(A) = 0{,}8$$
$$P_{\overline{E}}(A) = 0{,}05$$
$$P(E) = 0{,}02$$

Damit ist:

$$P_E(\overline{A}) = 1 - P_E(A) = 0{,}2$$
$$P_{\overline{E}}(\overline{A}) = 1 - P_{\overline{E}}(A) = 0{,}95$$
$$P(\overline{E}) = 1 - P(E) = 0{,}98$$

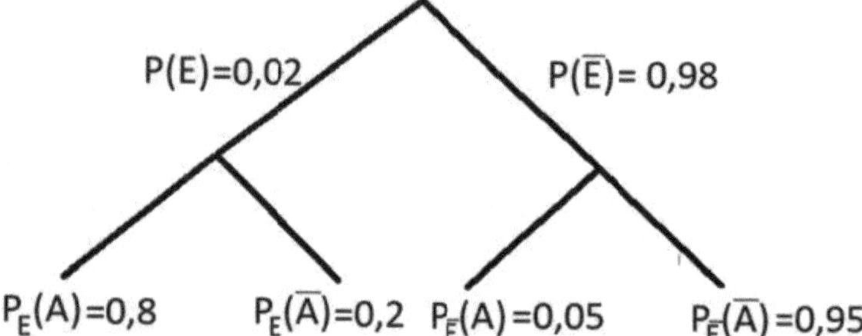

a) Berechnung der Wahrscheinlichkeit dafür, dass die Alarmanlage anspringt:

$$P(E \cap A) = P(E) \cdot P_E(A) = 0{,}02 \cdot 0{,}8 = 0{,}016$$
$$P(\overline{E} \cap A) = P(\overline{E}) \cdot P_{\overline{E}}(A) = 0{,}98 \cdot 0{,}05 = 0{,}049$$

$$P(A) = P(E \cap A) + P(\overline{E} \cap A) = 0{,}16 + 0{,}049 = 0{,}065$$

Die Wahrscheinlichkeit für einen Alarm beträgt 6,5%, denn in 1,6% aller Fälle tritt gleichzeitig ein Einbruch und ein Alarm auf und in 4,9% aller Fälle tritt gleichzeitig kein Einbruch und ein Alarm auf.

b) Berechnung der Wahrscheinlichkeit dafür, dass ein Einbruch stattfindet, wenn es gerade einen Alarm gibt:

$$P_A(E) = \frac{P(E \cap A)}{P(A)} = \frac{0{,}016}{0{,}065} \approx 0{,}246 \text{, also ca. } 24{,}6\%.$$

Bemerkung:
Wir hätten die Wahrscheinlichkeiten auch in einer Vierfeldertafel darstellen können:

	E	$\overline{E}$	Summe
A	$P(E \cap A) = 0{,}016$	$P(\overline{E} \cap A) = 0{,}049$	$P(A) = 0{,}065$
$\overline{A}$	$P(E \cap \overline{A}) = 0{,}004$	$P(\overline{E} \cap \overline{A}) = 0{,}931$	$P(\overline{A}) = 0{,}935$
Summe	$P(E) = 0{,}02$	$P(\overline{E}) = 0{,}98$	1

Oben ist $P(E \cap \bar{A}) = P(E) - P(E \cap A)$ und $P(\bar{E} \cap \bar{A}) = P(\bar{E}) - P(\bar{E} \cap A)$, wobei man diese Wahrscheinlichkeiten auch wie oben – durch Multiplikation – über den Baum bestimmen kann.

2) In einer Firma rauchen 20% aller Personen. 10% der rauchenden Personen haben eine Lungenerkrankung. Bei den Personen, die nicht rauchen, haben 2% eine Lungenerkrankung.

Wir benötigen zwei Variablen: R: Person raucht und L: Person hat eine Lungenerkrankung. Es gilt:

$$P_R(L) = 0{,}10$$
$$P_{\bar{R}}(L) = 0{,}02$$
$$P(R) = 0{,}20$$

Damit ist (wobei wir diese Wahrscheinlichkeiten nur für den kompletten Baum benötigen, nicht für die Rechnung unten):

$$P_R(\bar{L}) = 1 - P_R(L) = 0{,}90$$
$$P_{\bar{R}}(\bar{L}) = 1 - P_{\bar{R}}(L) = 0{,}98$$
$$P(\bar{R}) = 1 - P(R) = 0{,}80$$

Diese Ergebnisse könnten wir nun auch wieder in einem Baumdiagramm darstellen.

a) Berechnung der Wahrscheinlichkeit für eine Lungenerkrankung:

$$P(R \cap L) = P(R) \cdot P_R(L) = 0{,}20 \cdot 0{,}10 = 0{,}02$$
$$P(\bar{R} \cap L) = P(\bar{R}) \cdot P_{\bar{R}}(L) = 0{,}80 \cdot 0{,}02 = 0{,}016$$

$P(L) = P(R \cap L) + P(\bar{R} \cap L) = 0{,}02 + 0{,}016 = 0{,}036$, also 3,6%.

b) Eine Person hat eine Lungenerkrankung. Mit welcher Wahrscheinlichkeit raucht diese?

$$P_L(R) = \frac{P(R \cap L)}{P(L)} = \frac{0{,}02}{0{,}036} \approx 0{,}5556 \text{ , also ca. } 55{,}56\%.$$

c) Sind R und L stochastisch unabhängig?

Das diese Ereignisse nicht stochastisch unabhängig sind, sieht man bereits daran, dass

$$P_R(L) = 0{,}10$$
$$P_{\bar{R}}(L) = 0{,}02$$

Damit leiden 10% aller rauchenden Personen an einer Lungenerkrankung, aber nur 2% der nicht-rauchenden Personen. Bei Unabhängigkeit hätten diese Werte gleich sein müssen. Man sieht es aber auch daran, dass $P(L)$ nicht gleich $P_R(L)$ ist.

Weiterführendes: Oft wird auch (1) $P(R \cap L) = P(R) \cdot P(L)$ geprüft, denn, wenn diese Gleichung gilt, sind R und L stochastisch unabhängig. Diese Gleichung ergibt sich durch $P(L) = P_R(L)$, denn $P_R(L) = P(R \cap L) / P(R)$, womit bei Unabhängigkeit $P(L) = P(R \cap L) / P(R)$ gelten muss. Multipliziert man diese Gleichung mit $P(R)$, ergibt sich die bekannte Gleichung (1).

3) In einem Wahlbezirk sind 40% der Personen, die die Partei X gewählt haben, älter als 40 Jahre alt. Von denen, die diese nicht gewählt haben, sind nur 25% über 40 Jahre alt. In diesem Bezirk sind 30% über 40 Jahre alt. Wie viel Prozent der Stimmen erhielt die Partei X?

Wir benötigen zwei Variablen: U: Person ist über 40 und X: Person wählt Partei X. Es gilt:

$$P_X(U) = 0{,}40$$
$$P_{\overline{X}}(U) = 0{,}25$$
$$P(U) = 0{,}30$$

Damit ist:

$$P_X(\overline{U}) = 1 - P_X(U) = 0{,}60$$
$$P_{\overline{X}}(\overline{U}) = 1 - P_{\overline{X}}(U) = 0{,}75$$
$$P(\overline{U}) = 1 - P(U) = 0{,}70$$

Diese Wahrscheinlichkeiten könnten wir auch wieder in einem Baumdiagramm darstellen, sie werden aber nicht zu den unteren Berechnungen benötig.

Nun haben wir ein Problem. Wir benötigen P(X), was wir nicht kennen. Aus diesem Grund bezeichnen wir diese unbekannte Wahrscheinlichkeit mit p: $P(X) = p$. Damit ist $P(\overline{X}) = 1 - p$.

$$P(X \cap U) = P(X) \cdot P_X(U) = p \cdot 0{,}40$$
$$P(\overline{X} \cap U) = P(\overline{X}) \cdot P_{\overline{X}}(U) = (1 - p) \cdot 0{,}25$$

$$P(U) = P(X \cap U) + P(\overline{X} \cap U)$$

$$0{,}3 = 0{,}4p + 0{,}25(1 - p)$$
$$0{,}3 = 0{,}15p + 0{,}25 \qquad | -0{,}25$$
$$0{,}05 = 0{,}15p \qquad\qquad | : 0{,}15$$
$$p = 1/3$$

Damit ist $P(X) = 1/3$, womit ca. 33,3% die Partei X gewählt haben.

4) Die Ergebnisse der Umfrage in einer Vierfeldertafel dargestellt:

	raucht	raucht nicht	Summe
weiblich	150	450	600
männlich	180	220	400
Summe	330	670	1000

Dividiert man alle absoluten Häufigkeiten durch die Anzahl der Personen, also durch 1000, erhalten wir die Wahrscheinlichkeiten. *Theoretische Bemerkung:* Dies stimmt nur, wenn wir uns bei den Aussagen nur auf diesen Personenkreis beziehen, denn andernfalls erhalten wir nur die relativen Häufigkeiten, die noch keine Wahrscheinlichkeiten darstellen (wenn die Grundgesamtheit größer als die 1000 befragten Personen ist).

W: Person ist weiblich und R: Person raucht.

	raucht	raucht nicht	Summe
weiblich	$P(W \cap R) = 0{,}15$	$P(W \cap \overline{R}) = 0{,}45$	$P(W) = 0{,}6$
männlich	$P(\overline{W} \cap R) = 0{,}18$	$P(\overline{W} \cap \overline{R}) = 0{,}22$	$P(\overline{W}) = 0{,}4$
Summe	$P(R) = 0{,}33$	$P(\overline{R}) = 0{,}67$	1

a) Wie groß ist die Wahrscheinlichkeit, dass eine Person raucht?

$P(R) = 0{,}33$. Also 33%.

b) Wie groß ist die Wahrscheinlichkeit, dass eine weibliche Person raucht?

$$P_W(R) = \frac{P(W \cap R)}{P(W)} = \frac{0{,}15}{0{,}6} = 1/4$$

Damit beträgt die Wahrscheinlichkeit 25%.

c) Es wird eine rauchende Person getroffen, wie groß ist die Wahrscheinlichkeit, dass diese männlich ist?

$$P_R(\overline{W}) = \frac{P(\overline{W} \cap R)}{P(R)} = \frac{0{,}18}{0{,}33} \approx 0{,}5455$$

Damit beträgt die Wahrscheinlichkeit ca. 54,55%.

d) Sind die Zufallsvariablen Geschlecht und Rauchstatus stochastisch unabhängig?

$P_W(R) = 0{,}25$ ist ungleich $P(R) = 0{,}33$, womit insgesamt 33% rauchen, aber nur 25% der Frauen. Damit sind die Zufallsvariablen nicht stochastisch unabhängig. Das Rauchverhalten und das Geschlecht hängt bei diesen Personen bzw. an dieser Uni voneinander ab.

Klassisch hätten wir die stochastische Unabhängigkeit von W und R auch durch

$$P(W \cap R) = P(W) \cdot P(R)$$

prüfen können.

Aufgabe zur bedingten Wahrscheinlichkeit am Beispiel eines Antigentests zu Corona / Covid-19

Auf einem Beipackzettel zu einem Corona-Antigentest wurde folgende Vierfeldertafel mit absoluten Häufigkeiten dargestellt (beim PCR-Test wurde ein Ct-Wert $\leq$ 33 verwendet):

	PCR-Test positiv	PCR-Test negativ	Summe
Antigentest positiv	132	3	135
Antigentest negativ	4	462	466
Summe	136	465	601

Im Folgenden sollen Wahrscheinlichkeiten bzgl. dieser Stichprobe berechnet werden, d.h. diese beziehen sich nur auf Personen dieser Stichprobe im Rahmen dieser Tests, da wir keine Informationen über die Zusammensetzung der Stichprobe (Repräsentativität) haben und es auch schon eine Vorauswahl gegeben hatte (symptomatisch oder asymptomatische Patienten mit Verdacht auf Covid-19).

a) Wie groß ist die Wahrscheinlichkeit, dass eine Person einen positiven Antigentest aufweist?

b) Wie groß ist die Wahrscheinlichkeit, dass eine Person einen positiven PCR-Test aufweist?

c) Wie groß ist die Wahrscheinlichkeit, dass eine Person einen positiven Antigentest und einen positiven PCR-Test aufweist?

d) Bei einer Person liegt ein positiver Antigentest vor.
   i) Mit welcher Wahrscheinlichkeit ist auch der PCR-Test positiv?
   ii) Mit welcher Wahrscheinlichkeit ist der PCR-Test negativ?

e) Bei einer Person liegt ein positiver PCR-Test vor. Mit welcher Wahrscheinlichkeit ist der Antigentest positiv?

Lösung:

Im Folgenden sei A die Menge der Personen mit einem positiven Antigentest und R die Menge der mit einem positiven PCR-Test. Wir erhalten die folgenden Wahrscheinlichkeiten (bezogen auf diese Personengruppe), wenn wir die absoluten Häufigkeiten der obigen Viefeldertafel durch die Anzahl aller Personen dividieren.

	R	$\overline{R}$	Summe
A	$P(A \cap R) = 132/601$	$P(A \cap \overline{R}) = 3/601$	$P(A) = 135/601$
$\overline{A}$	$P(\overline{A} \cap R) = 4/601$	$P(\overline{A} \cap \overline{R}) = 462/601$	$P(\overline{A}) = 466/601$
Summe	$P(R) = 136/601$	$P(\overline{R}) = 465/601$	1

a) Wie groß ist die Wahrscheinlichkeit, dass eine Person einen positiven Antigentest aufweist?

$$P(A) = P(A \cap R) + P(A \cap \overline{R}) = 135/601 \approx 22{,}46\,\%$$

b) Wie groß ist die Wahrscheinlichkeit, dass eine Person einen positiven PCR-Test aufweist?

$$P(R) = P(A \cap R) + P(\overline{A} \cap R) = 136/601 \approx 22{,}63\%$$

c) Wie groß ist die Wahrscheinlichkeit, dass eine Person einen positiven Antigentest und einen positiven PCR-Test aufweist?

$$P(A \cap R) = 132/601 \approx 21{,}96\%$$

d) Bei einer Person liegt ein positiver Antigentest vor.
   i) Mit welcher Wahrscheinlichkeit ist auch der PCR-Test positiv?

$$P_A(R) = \frac{P(A \cap R)}{P(A)} = \frac{132/601}{135/601} = \frac{132}{135} \approx 97{,}78\%$$

   ii) Mit welcher Wahrscheinlichkeit ist der PCR-Test negativ?

$$P_A(\overline{R}) = \frac{P(A \cap \overline{R})}{P(A)} = \frac{3/601}{135/601} = \frac{3}{135} \approx 2{,}22\%$$

   Oder: $P_A(R) = 1 - P_A(\overline{R}) = \frac{3}{135}$

e) Bei einer Person liegt ein positiver PCR-Test vor. Mit welcher Wahrscheinlichkeit ist der Antigentest positiv?

$$P_R(A) = \frac{P(A \cap R)}{P(R)} = \frac{132/601}{136/601} = \frac{132}{136} \approx 97{,}06\%$$

Aufgaben zur Binomialverteilung

1) In einer Urne sind 8 rote und 12 blaue Kugeln.

I) Es wird 50-mal mit Zurücklegen gezogen.

    a) Wie viele rote Kugeln sind zu erwarten?

    b) Wie hoch ist die Wahrscheinlichkeit, dass genau 20 rote Kugeln gezogen werden?

    c) Wie hoch ist die Wahrscheinlichkeit, dass höchstens 10 rote Kugeln gezogen werden?

    d) Wie hoch ist die Wahrscheinlichkeit, dass mindestens 10 rote Kugeln gezogen werden.

II)   Wie oft muss man mindestens ziehen, um mit einer Wahrscheinlichkeit von mindestens 99% mindestens eine rote Kugel zu zieht?

2) Die Wahrscheinlichkeit im Ort Ampelberg auf eine grüne Ampel zu treffen beträgt 30%. Jemand fährt durch dieses Ort und kommt bei 10 Ampeln vorbei.

a) Wie groß ist die Wahrscheinlichkeit, dass genau 5 Ampeln grün sind?

b) Wie groß ist die Wahrscheinlichkeit, dass höchstens 3 Ampeln grün sind?

c) Wie groß ist die Wahrscheinlichkeit, dass mindestens eine Ampel grün ist?

d) Wie groß ist die Wahrscheinlichkeit, dass die ersten 2 Ampeln grün sind und die restlichen rot?

e) Wie groß ist die Wahrscheinlichkeit, dass mindestens 3 Ampeln grün sind?

f) Wie groß ist die Wahrscheinlichkeit, dass von 2 bis 5 Ampeln grün sind?

g) Wie groß ist die Wahrscheinlichkeit, dass mehr als eine Ampel grün ist?

h) Wie groß ist die Wahrscheinlichkeit, die unter den ersten 5 Ampeln genau 2 grün sind und dann alle restlichen Ampeln rot sind?

Lösungen:

1) Hier ist die Tabelle, die man zum Lösen der Aufgabe 1 benötigt (n = 50, p = 0,4):

k	$P(X = k)$	$P(X \le k)$
8	0.000169	0.000231
9	0.000527	0.000757
10	0.00144	0.002197
11	0.003491	0.005688
12	0.007563	0.013251
13	0.014738	0.027988
14	0.025967	0.053955
15	0.041547	0.095502
16	0.060589	0.156091
17	0.080785	0.236876
18	0.098737	0.335613
19	0.110863	0.446476
20	0.114559	0.561035
21	0.109103	0.670138
22	0.095879	0.766017
23	0.077815	0.843832
24	0.058361	0.902193
25	0.040464	0.942656
26	0.025938	0.968594
27	0.015371	0.983965
28	0.008417	0.992383
29	0.004257	0.99664
30	0.001987	0.998626
31	0.000854	0.999481
32	0.000338	0.999819
33	0.000123	0.999942

I) $\qquad$ n = 50, p = 8/20 = 0,4.

a) $\qquad$ $E(X) = n \cdot p = 50 \cdot 0,4 = 20$

b) $\qquad$ $P(X = 20) = \binom{50}{20} \cdot 0,4^{20} \, (1 - 0,4)^{50 - 20} = \binom{50}{20} \cdot 0,4^{20} \cdot 0,6^{30} \approx 0,1146 \triangleq 11,46\%$

c) $\qquad$ $P(X \le 10) \approx 0,0022 \triangleq 0,22\%$ $\quad$ (aus Tabelle oder über $\sum_{k=0}^{10} \binom{50}{k} \cdot 0,4^k \cdot 0,6^{50-k}$)

d) $\qquad$ $P(X \ge 10) = 1 - P(X \le 9) \approx 1 - 0,000757 \approx 0,9992 \triangleq 99,92\%$

$\qquad$ (mit Tabelle oder man kann auch direkt $\sum_{k=10}^{50} \binom{50}{k} \cdot 0,4^k \cdot 0,6^{50-k}$ berechnen, falls dies der Taschenrechner kann)

II) $\qquad$ $P(X \ge 1) \ge 0,99$

$\qquad$ $1 - P(X \le 0) \ge 0,99$

$\qquad$ $1 - P(X = 0) \ge 0,99 \qquad | + P(X = 0) - 0,99$

$\qquad$ $0,01 \ge P(X = 0) = \binom{50}{0} \cdot 0,4^0 \cdot 0,6^{n - 0}$

$\qquad$ $0,01 \ge 0,6^n \, | \, \lg(\,)$

$\qquad$ $\lg(0,01) \ge n \cdot \lg(0,6) \, | : \lg(0,6)$

$\qquad$ $\lg(0,01)/ \lg(0,6) \le n$ $\quad$ (hier hat sich das Zeichen „$\ge$" umgedreht, da $\lg(0,6)$ negativ ist)

$\qquad$ Also ab n = 10, denn $\lg(0,01)/ \lg(0,6) \approx 9,02$.

2) Hier ist die Tabelle, die man zum Lösen dieser Aufgabe benötigt (n = 10, p = 0,3):

k	P(X = k)	P(X ≤ k)
0	0.028248	0.028248
1	0.121061	0.149308
2	0.233474	0.382783
3	0.266828	0.649611
4	0.200121	0.849732
5	0.102919	0.952651
6	0.036757	0.989408
7	0.009002	0.99841
8	0.001447	0.999856
9	0.000138	0.999994
10	0,000006	1

a) $P(X = 5) = \binom{10}{5} \cdot 0{,}3^5 \cdot 0{,}7^5 \approx 0{,}1029 \triangleq 10{,}29\%$ (kann man auch der Tabelle entnehmen)

b) $P(X \leq 3) \approx 0{,}6496 \triangleq 64{,}96\%$ (aus Tabelle oder über $\sum_{k=0}^{3} \binom{10}{k} \cdot 0{,}3^k \cdot 0{,}7^{10-k}$)

c) $P(X \geq 1) = 1 - P(X = 0)$

$$= 1 - 0{,}7^{10} \approx 1 - 0{,}028248 \approx 0{,}9718 \triangleq 97{,}18\%$$

d) $0{,}3^2 \cdot 0{,}7^8 \approx 0{,}0052 \triangleq 0{,}52\%$

Hier ohne den Faktor $\binom{10}{2}$, da die Reihenfolge fest ist („die ersten 2 Ampeln"). Bei der Binomialverteilung ist die Reihenfolge egal, hier würde man die Wahrscheinlichkeit erhalten (über $\binom{10}{2} \cdot 0{,}3^2 \cdot 0{,}7^8$), dass genau 2 grün Ampeln sind, egal welche.

e) $P(X \geq 3) = 1 - P(X \leq 2) \approx 1 - 0{,}382783 \approx 0{,}6172 \triangleq 61{,}72\%$

(oder $\sum_{k=3}^{10} \binom{10}{k} \cdot 0{,}3^k \cdot 0{,}7^{10-k}$)

f) $P(2 \leq X \leq 5) = P(X \leq 5) - P(X \leq 1) \approx 0{,}952651 - 0{,}149308 \approx 0{,}8033 \triangleq 80{,}33\%$

Denn: {2, 3, 4, 5} ist {0, 1, 2, 3, 4, 5} ohne {0, 1}.

(oder $\sum_{k=2}^{5} \binom{10}{k} \cdot 0{,}3^k \cdot 0{,}7^{10-k}$)

g) $P(X > 1) = P(X \geq 2) = 1 - P(X \leq 1) \approx 1 - 0{,}149308 \approx 0{,}8507 \triangleq 85{,}07\%$

h) Unter 5 Ampeln sollen 2 grün sein: P(„unter 5 Ampeln sind 2 grün") = $\binom{5}{2} \cdot 0{,}3^2 \cdot 0{,}7^3$

5 Ampeln sollen rot sein: P(„unter 5 Ampeln sind 5 Ampeln rot") = $0{,}7^5$

Bei den obigen Berechnungen ist es so, dass jeweils n = 5 vorliegen. Nun können wir die gesuchte Wahrscheinlichkeit berechnen:

P(„unter den ersten 5 Ampeln sind 2 grün und die restlichen sind rot") =

P(„unter 5 Ampeln sind 2 grün") · P(„unter 5 Ampeln sind 5 Ampeln rot") = $\binom{5}{2} \cdot 0{,}3^2 \cdot 0{,}7^3 \cdot 0{,}7^5$

$$\approx 0{,}0519 \triangleq 5{,}19\%$$

Aufgaben zur Stochastik

Wahrscheinlichkeiten über Baumdiagramme und bei Binomialverteilung bestimmen

1) Laura und Xenia gehen auf ein Fest.

a) An einem Losestand gibt es 2 Gefäße mit Losen.

Im ersten Gefäß befinden sich 100 Lose, davon 20 Gewinne.

Im zweiten Gefäß befinden sich 40 Lose, davon 30 Gewinne.

a_1) Laura wählt zufällig ein Gefäß und zieht ein Los. Wie groß ist die Wahrscheinlichkeit, dass sie einen Gewinn zieht?

a_2) Aus dem ersten Gefäß zieht sie dann 3 Lose. Wie groß ist die Wahrscheinlichkeit, dass genau ein Gewinn dabei ist?

a_3) Wie groß ist die Wahrscheinlichkeit für mindestens einen Gewinn, wenn sie aus dem zweiten Gefäß 3 Lose zieht?

b) Sie gehen an einen Schießstand. Xenia trifft mit einer Wahrscheinlichkeit von 60%.

b_1) Xenia schießt 10-mal. Mit welcher Wahrscheinlichkeit trifft sie genau 8-mal?

b_2) Mit welcher Wahrscheinlichkeit trifft sie mindestens 5-mal bei den 10 Schüssen?

b_3) Wie viele Treffer wären bei Xenia bei 20 Schüssen zu erwarten?

b_4) Warum handelt es sich bei dem Aufgabenteil b_1) um eine Bernoulli-Kette?

b_5) Laura trifft mit einer Wahrscheinlichkeit von 40%. Wenn beide jeweils einen Schuss abgeben, wie groß ist dann die Wahrscheinlichkeit für mindestens einen Treffer?

c) Bei einem Glücksrad, bei dem ein Kreisviertel einen Gewinn anzeigt, dreht Laura 20-mal.

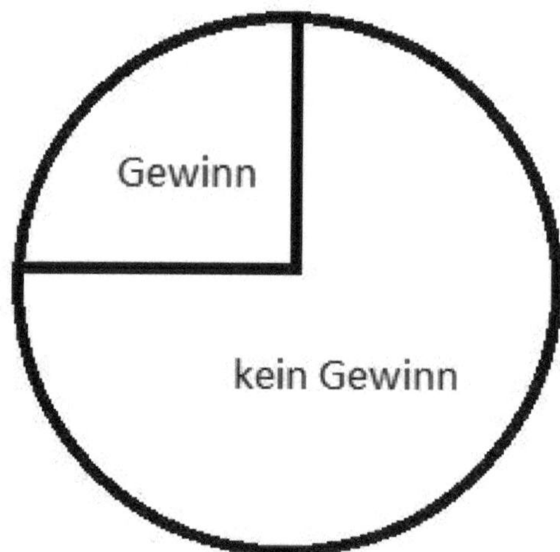

Xenia behauptet, es stimmt was nicht mit dem Glücksrad und sie würden seltener gewinne, als angegeben (H_0: $p \geq 1/4$, H_1: $p < 1/4$).

c_1) Sie möchte sich beschweren, wenn sie höchstens 3-mal gewinnen. Wie groß wäre hier die Fehlerwahrscheinlichkeit α?

c_2) Wie müsste die Entscheidungsregel geändert werden, wenn die Fehlerwahrscheinlichkeit α (also dafür, dass sie zu Unrecht behaupten, dass etwas nicht stimmt) höchstens 5% betragen soll?

Lösungen:

1) a_1) Laura wählt zufällig ein Gefäß und zieht ein Los. Wie groß ist die Wahrscheinlichkeit, dass sie einen Gewinn zieht? Hier ist das Baumdiagramm:

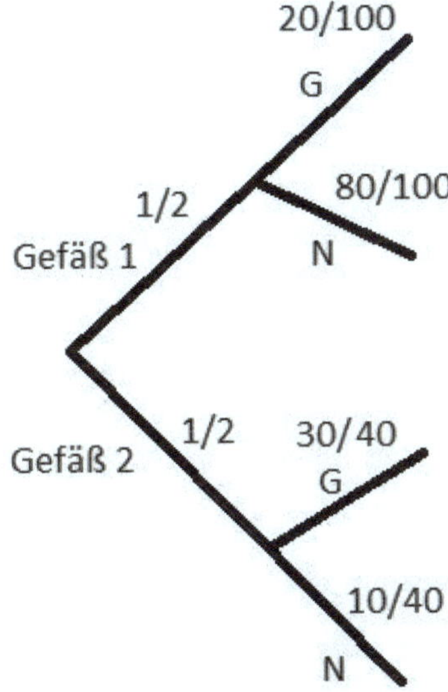

Da wir keine näheren Informationen haben, müssen wir davon ausgehen, dass die Wahrscheinlichkeiten für die Wahl einer der Urnen jeweils gleich sind („Laplace") und damit muss diese für jede Urne ½ betragen. Danach kann man in dem Gefäß 1 mit einer Wahrscheinlichkeit von 20/100 einen Gewinn ziehen und in Gefäß zwei mit einer Wahrscheinlichkeit von 30/40. G steht in der Grafik oben für Gewinn und N für Niete.

P(Gewinn) = 1/2 · 20/100 + 1/2 · 30/40 = 19/40 = 0,475 = 47,5%

a_2) Aus dem ersten Gefäß zieht sie dann noch 3 Lose. Wie groß ist die Wahrscheinlichkeit, dass genau ein Gewinn dabei ist?
Die Aufgabe könnten wir mit einem Baumdiagramm lösen (zeihen ohne Zurücklegen), einfacher ist es aber über den Binomialkoeffizienten:

$$P(\text{genau ein Gewinn}) = \frac{\binom{20}{1} \cdot \binom{80}{2}}{\binom{100}{3}} = \frac{632}{1617} \approx 0,3909 = 39,09\%$$

Im Nenner stehen die Anzahl der Möglichkeiten, aus 100 Lose drei zu ziehen. Im Zähler stehe die Anzahl der Möglichkeiten, dass aus den 20 Gewinnen einer gezogen wird und aus den 80 Nieten zwei. Hier steht genau genommen sogar eine bedingte Wahrscheinlichkeit, nämlich die Wahrscheinlichkeit für einen Gewinn unter der Bedingung, dass aus dem ersten Gefäß gezogen wird.

a_3) Wie groß ist die Wahrscheinlichkeit für mindestens einen Gewinn, wenn sie aus dem zweiten Gefäß 3 Lose zieht?

P(mindestens ein Gewinn) = P(genau 1 Gewinn) + P(genau 2 Gewinne) + P(genau 3 Gewinne)

$$= 1 - P(\text{keinen Gewinn})$$

$$= 1 - \frac{\binom{30}{0} \cdot \binom{10}{3}}{\binom{40}{3}} = \frac{244}{247} \approx 0{,}9879 = 98{,}79\%$$

b) Xenia trifft mit einer Wahrscheinlichkeit von 60%.

b_1) Xenia schießt 10-mal. Mit welcher Wahrscheinlichkeit trifft sie genau 8-mal?

Binomialverteilung mit n = 10 und p = 0,6:

$$P(X = 8) = \binom{10}{8} \cdot 0{,}6^8 \cdot 0{,}4^2 \approx 0{,}1209 = 12{,}09\%$$

b2) Mit welcher Wahrscheinlichkeit trifft sie mindestens 5-mal bei den 10 Schüssen?

Binomialverteilung mit n = 10 und p = 0,6:

$P(X \geq 5) = 1 - P(X \leq 4) \approx 1 - 0{,}1662 = 0{,}8338 = 83{,}38\%$

Den Wert 0,1662 kann man der Tabelle der kumulierten Wahrscheinlichkeiten der Binomialverteilung entnehmen, oder man könnte auch den Taschenrechner verwenden:

$$\sum_{x=0}^{4} \binom{10}{x} \cdot 0{,}6^x \cdot 0{,}4^{10-x}$$

Wobei hier auch $P(X \geq 5)$ direkt mit

$$\sum_{x=5}^{10} \binom{10}{x} \cdot 0{,}6^x \cdot 0{,}4^{10-x}$$

berechnet werden kann.

b_3) Wie viele Treffer wären bei Xenia bei 20 Schüssen zu erwarten?

Binomialverteilung mit n = 20 und p = 0,6:

E(X) = n·p = 20 · 0,6 = 12, also sind 10 Treffer zu erwarten.

b_4) Warum handelt es sich bei dem Aufgabenteil b_1) um eine Bernoulli-Kette? Bei b_1) wird insgesamt 10-mal unabhängig voneinander (kein Experiment beeinfluss das andere) ein Bernoulli-Experiment durchgeführt. Ein Bernoulli-Experiment ist ein Experiment mit zwei Ausgängen. Für die Wahrscheinlichkeit des Ausgangs, für den man sich interessiert, wir allgemein die Variable p verwendet (in der Aufgabe geht es um die Anzahl der Treffer und die Trefferwahrscheinlichkeit ist 60%, also p = 0,6). Wird dieses Experiment nun 10-mal (oder allgemein n-mal) durchgeführt, dann spricht man von einer Bernoulli-Kette. Dabei muss natürlich die Wahrscheinlichkeit p immer gleich bleiben. Die Anzahl des Auftretens eines bestimmten Ereignisses (wie die Anzahl der Gewinne in der Aufgabe, wobei man natürlich auch die Anzahl der Verluste nehmen könnte, wobei p dann 0,4 wäre) ist dann binomialverteilt. Eine Bernoulli-Kette liegt damit natürlich auch bei b_2) und b_3) vor.

Bei a_2) kommt man zu keiner Binomialverteilung. Es gibt zwar nur 2 Ausgänge bei jedem einzelnen Zug, aber die Wahrscheinlichkeit ändert sich bei jedem Zug. Bei sehr vielen Losen wäre die Anzahl der Gewinne näherungsweise binomialverteilt (aber nicht genau), wenn sich p nur minimal bei einem Zug ändern würde.

b$_5$) Laura trifft mit einer Wahrscheinlichkeit von 40%. Wenn beide jeweils einen Schuss abgeben, wie groß ist dann die Wahrscheinlichkeit für mindestens einen Treffer?

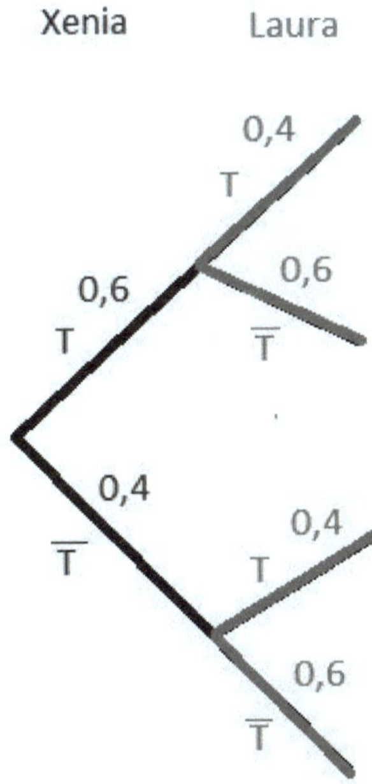

Wir haben oben ein Baumdiagramm gezeichnet. Es ist dabei egal, ob mit Xenia oder Laura begonnen wird. T steht für Treffer und $\overline{T}$ für keinen Treffer. Es ist oben Zufall, dass Xenia mit 60% trifft und Laura genau mit dieser Wahrscheinlichkeit nicht trifft. Wäre die Trefferwahrscheinlichkeit von Laura z.B. 30%, dann wäre dies nicht der Fall, denn dann wäre die Wahrscheinlichkeit für keinen Treffer bei Laura gleich 70%.

P(mindestens einen Treffer) = P(Xenia trifft und Laura trifft nicht) + P(Xenia nicht und Laura trifft)

$\qquad$ + P(Xenia trifft und Laura trifft) = $0{,}6 \cdot 0{,}6 + 0{,}4 \cdot 0{,}4 + 0{,}6 \cdot 0{,}4 = 0{,}76$

Einfacher:

P(mindestens einen Treffer) = $1 -$ P(beide treffen nicht) = $1 - 0{,}4 \cdot 0{,}6 = 0{,}76 = 76\%$

c) Bei einem Glücksrad, bei dem ein Kreisviertel einen Gewinn anzeigt, dreht Laura 20-mal. Xenia behauptet, es stimmt was nicht mit dem Glücksrad und sie würden seltener gewinne, als angegeben (H0: $p \geq 1/4$, H1: $p < 1/4$).

c$_1$) Sie möchte sich beschweren, wenn sie höchstens 3-mal gewinnen. Wie groß wäre hier die Fehlerwahrscheinlichkeit α?

α = P(höchstens 3 Gewinne, wenn die Angabe p = 1/4 stimmt)

$\quad$ = P(X $\leq$ 3), wobei X binomialverteilt ist, mit n = 20 und p = 1/4

$\quad \approx 0{,}2252$

Mit dem Taschenrechner könnte man die Wahrscheinlichkeit für $P(X \leq 3)$ auch berechnen mit:

$$\sum_{x=0}^{3} \binom{20}{x} \cdot 0{,}25^x \cdot 0{,}75^{20-x}$$

Hier ist nochmal die Tabelle für die Binomialverteilung mit n = 20 und p = 1/4:

k	P(X = k)	P(X ≤ k)
0	0,003171	0,003171
1	0,021141	0,024313
2	0,066948	0,09126
3	0,133896	0,225156
4	0,189685	0,414842
5	0,202331	0,617173
...	...	...

c$_2$) Wie müsste die Entscheidungsregel geändert werden, wenn die Fehlerwahrscheinlichkeit α (also dafür, dass sie zu Unrecht behaupten, dass etwas nicht stimmt) höchstens 5% betragen soll?

Hier muss das größte k aus der Tabelle oben abgelesen werden, für das

$P(X \leq k) \leq \alpha = 0{,}05$

gilt, also ist k = 1. Damit dürfte man sich erst beschweren, wenn man höchstens einmal gewinnt, wenn man sich mit höchstens einer Wahrscheinlichkeit von 5% zu Unrecht beschweren möchte, denn mit einer Wahrscheinlichkeit von ca. 2,43% (siehe Tabelle oben) kann gewinnt man auch höchstens einmal, selbst wenn die Gewinnwahrscheinlichkeit pro drehen 25% wär.

Mit dem Taschenrechner müsse man verschiedene k hier einsetze

$$\sum_{x=0}^{k} \binom{20}{x} \cdot 0{,}25^x \cdot 0{,}75^{20-x}$$

und schauen, für welches maximale k diese Summe noch kleiner oder gleich 0,05 (= α) ist.